U0344342

融入互联网基因的设计

[日]江崎浩——著　　兆文博——译

清華大學出版社
北　京

内 容 简 介

本书的基本框架是向读者阐释以互联网为代表的网络空间（虚拟空间）与实际空间（现实空间）的融合，物联网（IoT）可以看成是这两个空间相互融合的一种形式，而这两个空间的融合点，便是互联网基因。互联网基因究竟是什么？和互联网基因密切相关的互联网架构又是什么？什么是互联网基因的技术属性？什么又是互联网基因的社会属性？现实生活中都有哪些基础设施成功地融入了互联网基因？本书将对上述疑问一一解答，为读者提供理论指导和切实可用的实际案例参考。

图书在版编目（CIP）数据

融入互联网基因的设计 / (日) 江崎浩著；兆文博译. — 北京：清华大学出版社，2018
ISBN 978-7-302-49255-9

Ⅰ. ①融…　Ⅱ. ①江…　②兆…　Ⅲ. ①互联网络　Ⅳ. ①TP393.4

中国版本图书馆 CIP 数据核字（2017）第 326141 号

责任编辑： 张　敏
封面设计： 杨玉兰
责任校对： 胡伟民
责任印制： 杨　艳

出版发行： 清华大学出版社
网　　址： http://www.tup.com.cn，http://www.wqbook.com
地　　址： 北京清华大学学研大厦 A 座　　**邮　　编：** 100084
社 总 机： 010-62770175　　**邮　　购：** 010-62786544
投稿与读者服务： 010-62776969，c-service@tup.tsinghua.edu.cn
质 量 反 馈： 010-62772015，zhiliang@tup.tsinghua.edu.cn
印 装 者： 北京亿浓世纪彩色印刷有限公司
经　　销： 全国新华书店
开　　本： 148mm×210mm　　**印　　张：** 7.75　　**字　　数：** 180 千字
版　　次： 2018 年 2 月第 1 版　　**印　　次：** 2018 年 2 月第 1 次印刷
印　　数： 1～4000
定　　价： 69.00 元

产品编号：077129-01

推荐序一

在本书翻译之前，兆文博博士写了一个概要给我，表达了把这本书呈献给国内读者的愿望。出于如下考虑，我建议在清华大学出版社出版本书。

首先，本书是一部非常好的关于互联网基本特性和治理方式的通俗读物。我和江崎教授是多年的老朋友，有着共同的研究领域，对于互联网的特性和治理方式有着很多共识。深知从互联网的浩瀚大海之中探索和挖掘互联网的特性和治理方式是非常困难的，这不仅需要对互联网有着深入和全面的了解，更需要高度的洞察和展望。江崎教授举重若轻，用事实说话，以深入浅出的方式，让读者在不知不觉中领会到互联网的特性和治理方式的真谛。从书中可以看出，江崎教授有着深厚的技术沉淀、长期的思索积累以及丰富的科普经验。

其次，本书堪称是一部互联网百科全书的精缩版。尽管互联网历史和人类历史相比非常短暂，但从信息利用的角度，其思考可以上溯到几千年前的农耕社会。首先，本书精辟地阐述了互联网的历史地位，说明互联网不仅是技术变革的产物，也是信息化社会发展变革的产物，其影响力波及人类社会的所有领域，诸如技术、经济、文化以及日常生活。本书内容涉及互联网的很多方面。特别值得读者参考的是，在江崎教授看来，在由路由器和服务器所构筑的“物理的互联网”之上，还存在着一个多元化的“虚拟的互联网”。所以通过本书，读者会对它们两者都有一个全面的了解。

还有，译者在本书的翻译上也有高超的发挥。在保持原文真谛的基础上，译者对重要内容的意译也把握得很好。直译有时不仅生硬还会产生误解。例如本书原名Internet by Design，译者很恰当地将其意译为“融入互联网基因的设计”。正是这种高超的意译，使本书的重要概念以及创意能很容易地被国内读者理解和接受，其新颖性在于从生态学的观点来洞察互联网。齐白石老人曰，“学我者生，似我者死”，要学的是互联网的理念、架构、治理方式等本质和精髓，而不是简单地模仿、拷贝互联网的功能。在面向基础设施的设计中，就是要让基础设施智能化和具有变异能力。在我国互联网的发展中，已经出现了很多中国元素。它们源于互联网，青出于蓝而胜于蓝。其中很多现象都可以用融入了互联网基因的原理来解释。

本书对日本有详细的介绍，涉及智慧城市、智能电网、智能制造等多方面，很有实践意义和参考价值。本书对欧美也多有提及，日本在吸取美国经验的同时，对欧洲经验也多有借鉴。如果说有不足之处的话，那就是本书对中国的互联网介绍不多。可能译者也注意到了这一点，曾希望我与其他学者一起和江崎教授在相关章节后进行专题的深度对谈，围绕互联网发展的一些课题展开讨论，目的是希望读者能更多地了解多元化的互联网。这是一个非常好的构想，相信今后会实现。

最后我想就本书出版的意义谈点想法。在本书中，江崎教授提出的把互联网基因融入基础设施设计的理念，和未来学学者提出的理念不同，江崎教授提出的理念实际上已经发生。众所周知，互联网公司已经大张旗鼓地进入了基础设施领域，比如大数据应用与物流、交通等线上线下的结合，人工智能的实际应用等。基础设施领域的公司，诸如国家电网、通信运行商等在物联网起的作用也是有目共睹的。国内的双创活动、“互联网+”“+互联网”等，尽管各有内涵，但在理念上与江崎教授所提出的内容应该是一致的。本书的可贵之处在于，江崎教授系统地挖掘和整理了互联网基因，又系统地阐述了互联网基因是如何融入基础设施设计的，甚至其挖掘整理和调查研究的方法都非常值得借鉴。

总之，我很高兴向读者推荐这本实用性很强、鉴赏性很高的参考书。

中国工程院院士，清华大学计算机系主任、教授　吴建平

推荐序二

“城市能源”天生就有着“互联网基因”

和江崎教授算是老朋友了，他曾两次到访国网能源研究院，交流在智能电网方面一些新的思考与实践。学者的魅力、实践家的韧性，给我留下深刻印象。而至今秋，得知江崎教授的著作*Internet by Design*中译本要同步出版，既觉当然，并由衷地为他高兴。江崎教授的著作凝聚了他对互联网本质的思考，高度概括了互联网应用于IT/ICT、智能电网、智慧城市设计的方法论，而译者兆文博博士将其译为《融入互联网基因的设计》，巧妙地应用生物学隐喻，将虚拟互联网类比作生物“基因”，从而使其与现实世界的联结生动地展现了出来。

今夏，我们在苏州设立了城市能源研究院，风生水起，不失为能源智库发展中的一件大事。而当江崎教授邀请我为其中文版译著写序，除深感荣幸之外，更觉机缘天造，“城市能源”事业天生就有着“互联网基因”，这与江崎教授所表达的理念真可谓不期而遇、不谋而合。

多年来我和我的同仁们目睹了互联网带给中国经济社会的巨大变化，也见证和参与了互联网对能源世界的冲击甚至重塑，互联网技术、互联网思维催生的创新正潜移默化地为活跃其中的各类主体注入“互联网基因”，促使“能源互联网”应运而生，并衍生出越来越多的能源新业态，创造出越来越多的财富增长和价值增量。与之相伴随的，是电网企业的平台经济作用日渐凸显，通过大数据、物联网、云计算等技术的推动，能源市场化红利正在释放，大大小小的企业汇聚共荣，不断拓宽能源的内涵与外延，呈现出一派欣欣向荣的商业生态景象。

一切过往，皆为序章。随着能源革命的深化，能源从供给保障型向创新引领型转变，从高速度向高质量转型，必然触及能源研究世界观和方法论的全面调适，即如何从就能源论能源的“能源系统”认知朝着以能源与经济社会全面互动的“能源生态”认知演变。可以观察到的是，能源领域的创新进步体现出越来越多的生态学特征。因此，原有的传统的诠释和实践体系，正在越来越快速地被以自然生态系统为隐喻的商业化语境所代替。“城市能源”就是这样的商业模式集大成者，这也正契合了江崎教授在著作中提出的经济社会建设中应尝试以互联网为连接的人工物“生态系统”之理念。

大道至简。然而，对于能源行业而言，世界观和方法论的认知转变尤为不易，用以指导实践更是充满挑战。选择“城市能源”作为制高点去攻坚克难，并不仅仅因为我们对自己能力的自信，而是因为这更是能源智库工作者的历史责任。秉持着互联网精神所倡导的开放共赢、厚德载物，我们又有足够的理由乐观，并无比期待着越来越多的志同道合者，不以一身之谋，而有天下之志，源源不断地为能源界汇聚思想能量，使中国能源在新时代的新征程上行稳致远、前程远大。

国网能源研究院有限公司总经理　王广辉

推荐序三

世界互联互通，我们生来自由

和江崎浩教授结缘于一场关于智能电网的对话，他基于互联网理念对智能电网的认识和诠释给我和全体交流者留下了深刻的印象。其后的多次交流更充分体会到了江崎教授对“互”“联”和“网”的深刻理解。今夏拜读了江崎教授的新书*Internet by Design*，一气读完，又畅快淋漓地完成了一次不见面的交流。感谢兆文博博士将此书介绍给中国读者，并创造性地用“基因”一词凸显了本书的精髓。

人类的发展是信息获取和分享的历史，充满了创新和创造。这一过程的发展真谛即是互联网的思维架构和治理理念。正是人类对互联网范畴理解的加深和应用的扩大，才催生了持续的动力。经济社会的互联网基因使得我们不断打破发展壁垒，不断推动科技进步，不断加强社会活动数字化程度，进一步促进了互联网迈上更高发展台阶的基础和需求。

人类的发展是能源采集和利用的历史，充满了创新和创造。互联网与人类广义能源发展有着深刻的关系。各类感知化、数字化和实体化能源在互联网思维的引导下经历了从掠夺到共享、从独有到合作、从被动到主动的发展过程，也因它们不同强度的互联网基因属性而面临不同的发展路径和最终命运。正因如此，电力能源在百年的发展中脱颖而出，在清洁化发展的理念下成为点亮社会、点亮生活的核心！

人类的发展是网络相生和相融的历史，充满了创新和创造。基础设施网络应深刻融入互联网基因的设计理念。以能源网、电力网、信息网、交通网为代表的基础设施系统则是社会发展的承载者和变革见证者。基础设施的全球互联和一体化融合发展是未来的必然趋势，善用资源、提升效率是全人类永恒的话题。彰显共享、共赢理念，集特高压骨干网架、清洁能源、智能电网于一身的全球能源互联网则是世界范围内基础设施系统融合发展的最佳典范。

人类的发展是自身自立和自由的历史，充满了创新和创造。人在自然和人工物共存的生态系统中进行着思维模式的进化。人类是社会的主人，是大自然互联网基因的感知者，是精神和物质的结合，是有限与无限的融合。我们被这一基因所塑造、所发展，用行为展现了科学与艺术的美，用文化、语言、生活展示这基因的作用效果；我们因窥探它的神妙而惊喜，我们因把握了它的脉搏而痴狂，我们也因此不断解放。

世界必定向更高等级的互联互通发展，经济社会互联网“基因”还将不断强大，因为我们生来自由！

仅以此为序，向江崎浩教授的新书致敬！

全球能源互联网发展合作组织司长助理　黄瀚

推荐集

本书第4章论及安全与隐私。作者的视角与众不同，更多的是从如何看待安全措施与隐私保护的角度来分析问题，辩证地分析了安全与隐私的出发点、采取措施的平衡点、安全的经济观。可以说，作者所倡导的是一种“适度安全”的理念，这恰恰是网民与机构需要广泛认识、深入理解的一个核心要素。从这个角度来说，这本书值得回味。

方滨兴

中国工程院院士

翻译的总体感觉不错，书名翻译得好，内容对特定读者群的需求把握得很准，是一本值得推荐的书。

高文

北京大学教授

中国工程院院士

互联网理念蕴含在互联网特性之中，互联网思维融入在智能化基础设施（智能电网、智慧城市等）之中。本书的作者基于深入调研和实践，对此都有精辟的论述。在能源经济、规划与效率方面，日本有可以借鉴之处。他山之石，可以攻玉，本书有实际的参考意义。

戴彦德

国家发展和改革委员会能源研究所所长

互联网在深刻地影响和改变着人们的社会生活乃至人类社会本身。本书不仅从技术上、观念上乃至哲学上探索互联网所带来的深刻变革，而且用“融入”思维解读互联网与智能化基础设施的关系，令人眼界大开，为融入互联网、数字化和人工智能化时代的社会，提供了不可多得的教科书！

王名

清华大学公共管理学院教授

清华大学公益慈善研究院院长

全国政协委员

自从互联网大规模商用化以来，电信网与互联网在网络层面已经深度融合。一方面，互联网应用一直是电信网流量的主要来源和技术进步的主要驱动力，同时，互联网的技术基础如TCP/IP协议栈、IP地址等，已成为电信网IP承载层的核心技术。另一方面，一个技术不断演进的强大电信网是互联网应用蓬勃发展的基础平台，也为互联网应用的水平提升提供了有力保障。当前，互联网的创新成果与经济社会各领域深度融合，将逐步形成更广泛的以互联网为基础设施和创新要素的经济社会发展新形态。江崎教授以互联网资深专家的视角，对互联网的特征、互联网的架构、互联网对经济和社会的影响以及融入互联网基因的基础设施设计进行了全面深入的分析阐述，相信一定能为中国读者带来有益的启发和借鉴。

韦乐平

工业和信息化部通信科技委常务副主任

中国电信科技委主任

中国电信原总工程师

今天，无处不在的互联网已经覆盖地球，本书为我们揭示了其架构和治理的深刻本质。

在互联网走向物联网，与社会各行各业深度融合的今天，江崎教授溯本求源，为未来社会各行业数字化转型的设计、构建和运营带来了重要启示。

阎力大

华为技术有限公司企业BG总裁

互联网作为人类文明进步的重要成果，已渗透到社会方方面面，不但深刻改变了人们的生产和生活方式，也极大影响了人们的思维模式。互联网正在从今天被公众广泛应用的消费互联网阶段，迈向与实体经济深度融合的产业互联网新阶段。江崎教授的《融入互联网基因的设计》一书对互联网的本质和发展进行了深刻阐述，并给出许多有价值的应用案例。本书对于深刻理解互联网思维和融合发展趋势有很好的启迪，值得推荐。

唐雄燕

中国联通网络技术研究院首席专家

江崎教授的《融入互联网基因的设计》一书，对互联网的特性和治理方式作了深刻、精辟的阐述。在大数据应用和全球化背景下，本书给我最深刻的印象是，所有的论述都源于对实际系统的认真考查，同时又高屋建瓴，分析和考证了不追求最优化、应用为王、基于广义数字化等设计理念的互联网思维方式。这些在互联网获得成功应用的互联网基因，在融入自动化领域之后，也必将给自动化领域发展注入新的活力。

于海斌

中国科学院沈阳自动化研究所所长

作为一个长期从事国际能源技术和政策研究，推动国际新能源领域的交流与合作的学者，我十分关注日本在能源领域所取得的成果。本书从虚拟和现实世界融合的角度，详细介绍了日本能源与通信技术的深度融合。本书的很多观点非常值得我们借鉴参考。

沈波 博士

美国劳伦斯伯克利国家实验室能源环境研究科学家

互联网技术渗透到社会生活的方方面面，不仅改变了人们的生活方式，更重要的是，改变了人们的思维习惯。地球公民的思想交流，不再被地域和距离阻隔，全球一体化的技术、经济、文化交流程度，远远超过人类历史上任何一个时期。江崎浩教授所著的《融入互联网基因的设计》为读者描述了一个崭新的与互联网深度融合的世界。

王保国

清华大学教授

将互联网基因融入产业的设计与建造过程，是大数据时代传统行业面临的新挑战。江崎教授的著作为石油、天然气等传统能源产业的变革提供了有益卓见。

何光怀、薛亚斐

中石油资深开发专家

江崎教授首次从互联网与人类社会、自然环境的关系重新考虑互联网的定位。网络空间帮助自然和人工物共存，从而创造出由这三者形成的新生态系统。在CS与P2P两种基本网络范式的交替发展中，江崎教授解释了互联网以及适配互联网发展的社会螺旋上升的发展规律，并大胆预测了发展方向和可能存在的问题，为广大读者、监管者指明了方向。

互联网的精神是不设限、不固化规则，提供平台让其自主优化。其“尽力而为”“自主”“自由”“尊重可用”等特性，使得互联网成为一种放大器，让更多的人类智慧参与到共创中去，形成现在这样的社会结构。本书可以被看作是一本客观的认识互联网与人类关系的指南手册。

崔晓波

TalkingData CEO、创始人

作者将“实用为王”作为互联网基因之一进行了精辟论述，并将这种设计理念扩展到其他智能网络、智能系统，为智能设计提供了新的视角和思路，颇有启发。本人曾在IBM和微软从事与互联网有关的开发项目，并在苹果和谷歌从事智能产品生产制造，对书中“实用为王”的理念深有同感，非常推荐一读！

陈新 博士

谷歌高级工程师

2000年的时候，JCD介绍了中日运行商之间的交流，从而见证了互联网与运行商网络的融合与发展。今后互联网将更广泛地以多元化的方式融合到各个领域，本书对互联网思维的见解很值得参考。

徐志敏 工学博士

JCD总经理

日本中华总商会副会长、金融部会长

在《融入互联网基因的设计》一书中，我认为最值得我们关注的是P2P的对等网络。随着物联网的逐渐普及，P2P将成为人与人、人与机、机与机的最普及的联系方式。这种联系方式创造了最大的自由度和个性化，是人类的每个个体的追求，也是机器与人类最佳的组合方式。在这种P2P的对等网络社会里，将产生一个“我为人人，人人为我”（One for All, All for One）的共享社会，形成一个人、机和自然环境和谐共生的美丽生态。

我们需要向P2P的对等网络时代过渡。如何成功地完成这一转变，《融入互联网基因的设计》这本书将给我们以启迪。

甘中学 博士

宁波市智能制造产业研究院院长

江崎教授以独特的“融入互联网基因”的视角，深入剖析了社会和产业基础设施更广阔的“智能化”发展空间，并解读了众多案例场景，如智慧城市、智能建筑、智慧能源等。这些与中国目前推进的“互联网+”产业及基于互联网的各种新兴IT/ICT技术的快速发展趋势相契合，是在融合领域进行技术和业务创新者的必选佳作。

陈运清

中国电信北京研究院副院长

在传统网络技术的基础上，互联网在信道连接与复用、域名、IP地址等方面集权，而又在分层协议开放、端到端、服务器上分权，让资源配置到效率最高的地方，同时在集权与分权这两个看似矛盾的方向上做到了极致。

其他领域的设计的确大可借鉴这样的设计思想，这本书做了许多有益的探索。

技术结构正在融入社会的每个角落，信息革命将推动社会治理结构的演变。在这个变革的时代，企业管理不但可以借鉴互联网的设计思想，更应该基于强大的信息结构，突破性地处理集权、分权的矛盾，将资源配置到效率最高的地方。让我们拥抱这个变革的时代吧！

刘圣

旭创科技有限公司CEO

借助互联网理念、架构、特性以及治理方式来提升能源综合开发与利用的水平，已成为全社会的必然选择。本书精辟论述了互联网基因以及其在能源等领域的实践与应用，相信能给我国的能源从业者的互联网思维以启迪，将对提高我国的能源综合管理水平有很好的借鉴作用。

曹念忠

苏州市发电供热行业协会秘书长

本书从技术本身和技术发展的角度讲述了“尽力而为”形态的互联网进化，或者说某些地方已经进化了的与人类生活密切相关的物联网基础设施。本书是从事通信、物联网研究的工作者值得一读的从互联到物联的进化论著作，也是感知未来智慧生活的技术启蒙书。

张林峰

中兴通讯日本办事处代表

互联网因IP通信技术让传输与服务分离，频宽资源得以分享。数位化让人与人的数据、影音、通信、广播得以汇流，也逐步融入人与物、物对物的联结与智能。这是科技的贡献。但是消费者、网络及服务提供者对尽力而为（Best Effort）的共识，网络资安、社群网络与内容创作等虚拟空间网络治理的问题，是融入互联网基因推动数位生活、社会、产业持续创新所必要的配套作为。个人投入宽带网络产业超过25年，看到这本书内心的共鸣是震撼、喜悦、可期待的。期待尽力而为、世界大同虚拟世界的实现。

王井熙

台湾科技大学教授级专家

这本书是江崎教授对互联网及其本质特性的凝练的总结，他对网络空间的无限性及其与实际空间的融合的阐述非常新颖，对网络安全和隐私保护问题的探讨也启发我们对网络空间治理的新思维。本书还结合智能电网、智能建筑等方面的具体案例对于融入互联网基因的设计进行了剖析。这些凝结了江崎教授多年研究心得的观点和理念必能给予读者很大的启发。

沈成彬

中国电信上海研究院院长助理，教授级高级工程师

尽管这是一本互联网专业书籍，其中却与能源多有交集。江崎教授将互联网构架的概念延伸至能源系统，由于真正融汇了互联网“基因”的设计理念，给能源从业人员一个新启示。衷心希望此书的出版能让更多的读者受益。

黄东风

浙江省能源研究会秘书长、研究员

重庆能源研究会是一个为能源工作者服务的科技社团，工作中我们需要组织会员学习新知识、开展能源项目技术服务以及开展能源领域国际合作，《融入互联网基因的设计》一书可以作为我们基层能源工作者开展能源工作创新、进行互联网思维的指导书。

马定平

中国能源研究会理事，重庆能源研究会秘书长

《融入互联网基因的设计》将虚拟空间（互联网）和现实空间的融合阐述得非常明白，这种融合恰恰是互联网的基因决定的。这本书对于互联网爱好者的认知是一个深层次的提升，是值得大家广泛阅读的一本经典之作。

秦雪峰

苏州拓土数据源科技有限公司CEO

当我们正在享受互联网为生活、工作的方方面面带来的各种便利时，不免会迷乱了双眼，对“互联网+”后续的发展方向产生迷茫。本书为我们唤起了对于互联网本质的思考，使我们可以从深层次上看到互联网发展的客观规律和必然趋势。

杨剑

北京甘为乐博科技有限公司总经理

译者序

因为工作关系，译者曾多次和本书作者、东京大学江崎教授一起与国务院发展研究中心、国家电网、中国电信、清华大学、阿里巴巴等有过多次交流。交流范围跨越IT/ICT、智能电网、智慧城市等领域，涉及互联网业务与应用、互联网思维、网络社会的治理等方面，取得了很好的效果，相关专家对江崎教授的建树与学识也有了更加深入的了解。交流中当国务院发展研究中心的专家得知江崎教授新书*Internet by Design*即将在日本出版时，对相关内容表达了强烈的兴趣，并建议将该书翻译成中文在中国出版。

译者也多年从事互联网、IT/ICT领域的工作，与江崎教授一样经历了IT/ICT领域的发展，都不约而同地进入了与可再生能源利用密切相关的能源领域，都见证甚至以不同的方式参与了IT/ICT技术和能源技术的融合，所以本书的很多内容对译者并不生疏。但译者在第一时间拜读了日文版的*Internet by Design*之后，仍然有眼前一亮、豁然开朗的感觉，对自认为很了解的互联网架构、互联网特性以及网络治理方式有了更深刻的认识。读过本书，译者更加清晰地认识到自己以前有“看山是山，看水是水”的局限性。尽管现在很难说进入了“看山不是山，看水不是水”的境界，但在很多方面有了认识上的升华。为了将本书介绍给国内的行业人士，经与作者江崎教授商量，决定由译者负责将其翻译为中文在国内出版。

翻译的过程中，译者力求准确反映作者的真实思想和逻辑，也希望能够更好地帮助读者实现认识上的提升，所以就在直译难以反映作者真实想法的时候，就在意译上反复琢磨。例如本书的日文版的书名是*Internet by Design*的外来语，因为日语有外来语的表述方法，不需要用汉字翻译书名。但是如果用中文，该书名应该直译为“互联网设计”，但本书的中心内容是如何将互联网的特性和治理方式应用到包括智能电网、智慧城市等的基础设施中来，所以译者把书名翻译为《融入互联网基因的设计》。在此，译者将互联网特性和治理方式上升为互联网基因来认识。因为读了本书之后，译者更深刻地理解到，这些互联网特性和治理方式的确具有基因的主要性质，融入互联网基因的设计不是简单地将互联网特性和治理方式移植到基础设施中去，而是为智能化基础设施融入新的生命力。

本书的基本框架是向读者阐释两个空间的融合。作者认为在地球上存在一个以互联网为代表的网络空间，也称为虚拟空间，而且这个互联网是唯一一个覆盖整个地球的网络。同时还存在着一个实际空间，也称为现实空间，包括地球上的人和物，诸如电力系统、交通系统、物流和建筑物等基础设施。目前这两个空间正在相互融合，物联网（IoT）可以看成是这两个空间相互融合的一种形式。读者一定想知道，这两个空间的融合点在哪？作者认为是互联网基因。作者的这个想法正是本书的精髓所在。

尽管贯穿本书的一条主线是如何在设计阶段将互联网基因融入基础设施中来，但作者特别注重的并不是设计本身，而是在利用互联网基因的设计方面，为读者提供理论指导和切实可用的实际参考。例如，互联网基因究竟是什么？和互联网基因密切相关的互联网架构又是什么？什么是互联网基因的技术属性？什么又是互联网基因的社会属性？现实生活中都有哪些基础设施成功地融入了互联网基因？正所谓“授人以鱼不如授人以渔”，本书不是将作者的互联网思维灌输给读者，而是为读者的互联网思维提供思考的元素，而且诸多的案例非常接地气，给人以启发，这正是本书的最大特点。

本书是作者的厚积薄发之作。首先从深奥无际的互联网之中，提炼、整理出互联网基因本身是一项非常具有挑战性的工作，需要对互联网有非常深刻的理解和认识。另外，因为互联网基因牵涉面很广，相互之间又有很强的关联性，如何以清晰的逻辑阐述清楚也具有相当大的难度。特别要提到的是，因为互联网是由民间主导、历经40多年发展起来的，有一个历史发展的延续性，要清晰阐述互联网基因，需要作者对互联网及其应用的历史有一个全面和深入的理解。所幸的是作者是国际互联网协会（Internet Society，简称ISOC）的3任理事（Board of Trustee, 2007—2010, 2014—2017, 2017—2020），也是日本互联网界有代表性的社会活动家（日本产学研机构WIDE代表，日本数据中心协会理事长），所以作者才能在论述上由浅入深、脉络清晰，以事实说话的例子都非常恰如其分。相信在读了本书之后，很多读者一定受益匪浅。

既然本书的中心内容是关于向基础设施融入互联网基因，那读者一定会想，为何要融入的一定是互联网基因？根据在哪里？实际上是否在发生？对此，在本书中，作者基于详细的考察进行了深入的论述。

首先作者从数字技术进步开始，对互联网基因的技术属性进行了非常透彻的分析。因为没有数字技术的进步就没有今天的互联网。互联网最重要的特性之一的“选择的提供”就是由于数字技术的进步才得以实现的。因为没有数字技术的进步就没有传送媒介和传送内容的分离，而这正是实现“选择的提供”的必要条件。数字技术的进步也对商业模式产生了巨大的影响，促使一些行业的商业模式或向水平延伸，或向纵深拓展，或两者皆有之，甚至发生了颠覆性的改变。不仅如此，数字技术的进步也孕育出一些新的商业模式。值得注意的是，由于数字技术的进步而触发商业模式迁移的很多案例都发生在基础设施领域。例如，读者比较熟悉的“传统产业+互联网”，互联网产业的“互联网+”等。这些迁移都和数字技术的进步有关，而且在迁移中起关键作用的正是与数字技术进步有关的互联网基因。因此，从数字技术进步的角度来看，融入互联网基因到基础设施中去势在必行。

另外，作者从社会发展的历史，对互联网基因的社会属性进行了非常精辟的分析。俗话说弱者谈经验，强者谈历史。作者正是从对互联网发展历史的研究中给互联网一个准确的历史定位。对此作者至少有三个观点非常值得参考。第一点，对信息的利用可以上溯到几千年前的农耕社会。随后的工业化社会，乃至当今的信息化社会，都离不开信息。只不过是对信息的要求越来越多，信息利用的范围也越来越广。第二点，互联网已经实现了当今社会对信息化的基本要求。作者的这一观点是通过对《第三次浪潮》从预言到实现的详细考察中得出的。换句话说，就是社会的发展要求了互联网，造就了互联网，也赋予了互联网向实际空间融合的使命。第三点，影响社会发展有很多综合因素，例如文化因素、心理因素、社会环境的竞争因素等，这些都和数字技术的进步一起反映到互联网基因中来，形成互联网基因的社会属性。例如“尽力而为”“信任可用的东西”“不追求最优化”等就不是简单地用数字技术进步可以解释的。这些都是互联网基因的社会属性。因此，从社会发展的历史观的角度来看，融入互联网基因到基础设施中去也是必然的。

本书的一个重要特点是所有论述和说明都基于作者多年的工作实践和实际考察。相信读者会从中得到很多启迪。

因为本书探讨的是网络空间和实际空间的相互融合，首先就避不开安全和隐私保护。因为相对于实际空间，网络空间是高度开放的。在本书中，作者将互联网基因的技术属性和社会属性阐述得淋漓尽致，并系统地阐述了自己的互联网安全观。首先作者认为从宏观上来看，互联网是安全的，因为有“尽力而为”（Best Effort）的互联网基因，互联网的安全性已经在战争和天灾中得到验证。在此作者提出了一个非常重要的观点，那就是安全和隐私保护必须作为整个系统设计的重要组成部分。与此同时，作者也论证了所谓最优化的封闭系统其实并不安全的事实。另外，因为互联网有“端到端”的互联网基因，解决安全和隐私保护的责任在终端用户，终端用户完全可以根据自己的需要选择系统的设计。也就是说，不会出现因为利用了互联网而满足不了用户安全需求的情况。还有互联网因为有“不追求最优化”的基因，在保证不断地引入新技术的同时，作者也指出过度地追求安全和隐私保护实际上有负面作用，例如会降低用户对抗风险的意识等。另外，对于与此有关的信息开放度、文化因素等方面，作者都有独特的见解。译者认为，在安全和隐私保护领域的互联网基因的利用方面，作者的互联网思维很有前瞻性，在技术善恶的中立性、安全与安心和互联网基因的内在关系等方面，作者也都有独特的见解。

此外，作者从另外两个方面，对如何融入互联网基因提供了很多结合实际的参考。首先作者从实际考察中自然地提炼和整理了互联网基因，又非常具体地介绍了互联网基因在实际中是如何成功得到应用的，所以对于互联网基因，读者是看得见摸得着，这对帮助读者在设计中利用互联网基因非常有参考意义。不仅如此，特别要提到的是，本书中详细介绍了互联网基因是如何在通信运营商、电力公司等基础设施运营商的实际网络中得到应用的。另外，本书还详细介绍了作者参与和主导的一些融入互联网基因的研究与社会实践，诸如智能建筑（如东京都大厦、微软总部大楼等）、智能校园（如东京大学校园、东北福利大学校园等）和与智能社区有关的许多产学研合作项目（如小型气象数据共享等）等。这部分的内容更丰富，针对性更强，非常具有现实的指导意义。

2017年3月，本书在日本获得“大川出版奖”。该奖是发给在IT/ICT领域最优秀的图书和作者的，在日本具有很强的权威性（例如2013年获得该奖的赤崎勇教授是2014年诺贝尔物理学奖获得者之一）。译者非常荣幸能把本书及时地奉献给中国读者。

在翻译和出版的过程中，译者得到了清华大学吴建平院士、赵有健教授，清华大学出版社卢先和副社长，北京英耐时新能源科技有限公司石岩总经理等人的鼓励和支持，在此表示感谢。出版过程中，清华大学出版社的栾大成、杜杨在版号安排、编辑校对、印刷发行等方面，做了大量的辛勤工作，彰显清华大学出版社良好的出版导向和卓越的专业能力。在此再次表达对清华大学出版社的感激之情。

本书的出版得到了社会多方面的关注。为本书写推荐序或推荐文的作者都是行业的翘楚、学者和企业家，尽管都非常忙，但都抽出难得的时间阅读了本书编辑前的译稿。应该说这些内容丰富的推荐序和推荐文也是本书的重要组成部分，因为它们是从不同的行业和角度来阐述各自对融入互联网基因的理解。在此我代表江崎教授表示发自内心的感谢。

本书能够奉献给读者也渗透了朋友们的辛勤汗水。正是因为这是一本值得读者参考的好书，有些朋友非常热心地帮助联系推荐，有些朋友亲自参加了本书的编辑工作。因为本书涉及面很广，译者又30多年没有从事中文写作，有力不从心之处。在此再次对王波高级经理（中国电信集团公司），徐杰彦院长（国网节能研究院），沈成彬院长助理（中国电信上海研究院，教授级高级工程师），杨维康教授（清华大学），杨剑总经理（北京甘为乐博科技），李东教授（北京大学），刘继生教授（创价大学），胡波高级工程师（国网能源研究院）等表示衷心的感谢。

最后感谢家人对我的帮助。

兆文博

2876507336@qq.com

中文版序

相互连接全世界计算机的互联网作为覆盖整个地球的虚拟基础设施，提供着支撑人类所有社会和产业活动的数字通信环境。考察和提炼互联网本质，即互联网基因，展望互联网基因将如何进化以及其进化的方向，是本书的目的。早期的互联网起源于相互在物理上连接不能移动的体型大且笨重的计算机的环境。经历了轻量化和高性能化的计算机通过互联网覆盖整个地球。现在开始进入物联网（IoT: Internet of Things）时代，导入计算机的物正在与互联网连接。至今为止将地球上的人通过数字网络技术相互连接起来的互联网也将与地球上所有的物相互连接。最初以美国为中心发展起来的互联网，通过以清华大学吴建平教授为中心发展起来的作为学术研究开发平台的CERNET连接到中国的大学和研究机构，从而加速互联网在全世界的普及。现在笔者担任代表的WIDE项目正在与CERNET合作，长期以来一直在推进东北亚互联网的发展和高性能化。从成果上来看，当初以学术研究和教学为目的的基础设施逐渐演变成支撑我们产业和社会等的所有活动的基础设施。现在全球知名的信息通信和互联网设备与系统提供商的华为与CERNET和WIDE项目，在尖端技术的研发以及面向社会与企业的发展方面，也有着各种各样的长期合作关系。

本书出版的契机是与国网能源研究院的技术交流。利用作为下一代互联网技术的IPv6，笔者从2000年起开始研究物联网，其研究成果之一是"面向能源的互联网技术在发电、配电和用电系统中的应用"。尤其是通过和国网能源研究院有限公司总经理王广辉和全球能源互联网发展合作组织司长助理黄瀚等的交流，在期待电力能源送配电系统的具有革新性的进化方面，以及在通过和物联网融合实现智慧城市的可能性方面，双方进行了深入探讨并达成很多共识。介绍笔者与国网能源研究院交流的是在东京大学取得博士学位并为本书的翻译付出辛勤劳动的就职于住友电工的兆文博先生。这次出版没有兆文博先生的努力是很难实现的。对于兆先生的技术视野和对中日合作的热情，笔者再次表示崇高的敬意和感谢。

在此特别要提到两个趋势。首先，至今为止仅是作为消费电力而存在的计算机系统和互联网，作为重要的技术正在促成实现电力能源系统的效率化。另外，基于对互联网架构的理解，更具体地说，基于对互联网基因的理解，互联网基因不仅适用于电力能源系统，也适用于利用电力能源系统构筑和运行的社会和工业基础设施的设计、建设和运营。互联网价值（互联网架构、互联网基因等）开始体现到互联网以外的系统中去。

笔者和中国团队有着很具体的合作，并在两个方面获得成果。首先在标准化活动方面，在笔者主持的"东大绿色ICT项目"中，与中国 BII 公司、中国电信、英特尔中国、北京交通大学、清华大学等在IEEE1888制定上合作，2011年使之成功地成为国际标准；另外，在IEEE1888的应用方面也有成功的合作，例如将IEEE1888成功地应用于以数据中心为代表的大规模消费电力的设备系统、大学校园以及电力送配电系统，即在面向用电大户的智能电网的应用方面获得成功。笔者工作在东京大学本乡校区工学部2号楼（峰值功耗约1MW），该楼是地上12层、地下1层的建筑。在笔者的主持下，2008年向该楼电力系统导入了IEEE1888技术并进行了稳定性评价。2011年3月发生东日本大地震的时候，为了响应国家节能节电要求，在利用了IEEE1888的工学部2号楼进行了能源管理控制，成功地在高峰时节电44%，节电总量达到31%。东京大学是东京的用电大户（高峰时消耗电力66MW），利用IEEE1888技术在整个大学进行了节电，导入用了大约三个月的时间，最终成功地在高峰时节电31%，在总量上节电22%~25%。IEEE1888通过利用互联网技术，可以综合地监控多个楼层和建筑物，甚至可以综合地监控几个校园（东京大学在首都圈有五个校园）。不仅如此，通过互联网，大学的所有员工（教师、职员、学生）都可以访问节电时保存的数据，从而能够进行自主协调的节电活动。应该说，正是应用互联网技术和互联网基因使东京大学在节电上获得成功。通过这些实践人们开始认识到，不仅要把握和理解互联网技术，还要把握和理解互联网基因，并将其应用到互联网以外的系统。在此最重要的是要把握和认识互联网基因的本质，并将其作为基因融入互联网以外系统的设计中。

为了实现这一挑战，笔者基于多年的互联网系统研究与普及活动、营利企业的商业活动、与互联网相关的在社会和产业展开的活动以及通过互联网协会（ISOC）参与的关于互联网治理等方面的活动，在本书中对互联网基因的本质进行了探讨与整理，笔者认为互联网基因应该具有如下七个性质：

（1）全球唯一的网络；

（2）选择的提供（敢于不进行最优化）；

（3）信任可用的东西；

（4）尽力而为和终端到终端；

（5）透明性；

（6）社交性和协调性；

（7）独立性、自主性和分散性。

作为具有这些特性的系统，IEEE1888是为了适用于设备系统而设计的。通过和中国有关方面的合作，IEEE1888也成为ISO/IEC的国际标准。

为了实现21世纪基于原生数据的社会和产业基础设施的数字转型，或者第四次产业革命、工业4.0，笔者认为理解和认识互联网基因及其应用是关键。其实现的可能性和效果则需要通过应用于各种产业领域来证明（Proof of Concept）。面向社会和产业基础设施，数字转型诞生于20世纪末，通过实现融入互联网基因的转型，人们期待着迎来一个在本质上与20世纪的社会和产业基础设施不同的智能化时代。

江崎浩

前 言

在本书中，基于互联网的设计思想，将创造社会和产业新基础设施的根基称为“融入互联网基因的设计”（Internet by Design）。如果再具体一点可以说成是“将设计有计划地和互联网捆绑在一起”。在介绍这一融入互联网基因的设计的基本想法的同时，从各种各样的观点考察由于互联网与社会和产业的基础设施的融合所发生的事件，就是本书的目的。

21世纪，社会和产业的基础设施正在被表述为“智能化”。所谓智能化，意味着处于一个“舒适、高性能、高效率的状态”。在要求实现“智能化的基础设施”的当今，我认为首先要把互联网所具有的架构和治理特性吸收到基础设施中来，然后对其重新进行设计、建造一直到运营。这正是融入互联网基因的设计的实践。

那么，这样的基础设施具体包括什么？首先要列举的是电力能源、道路交通、物流这些产业的基本设施；另外，也包含和生活有关的设施，诸如学校、医院、住宅、城市等。如果将这些基础设施与互联网整合，再进一步引进互联网的架构，这样形成的基础设施将显示出与以往不同的状态。例如，企业和团体等组织的边界将不会被意识到，参加这些企业和团体的人们将自主地活动，结成相互合作的关系，而且生成一种任何人都能共享资源、只要不给他人带来负面影响就能自由利用的环境然后实现持续的创造……回顾一下基础设施以往的历史，这些也许是不能想象的，但都在互联网的世界实际地发生了。

此外，在讲述融入互联网基因的设计的时候“全球性”将作为一个重要的关键词出现。它指的是世界规模的状况，当然它也是地球（Globe）的形容词。真正感受这个全球性的方法，或许是从宇宙眺望地球美丽的全貌。在这里会发现一个有趣的现象：在昼夜地球展示给我们的是完全不同的姿态。白天浮现的是由蓝、白、绿所形成的自然的容貌，到了晚上，黑色的大地上灯火闪烁（图0-1）。这些灯火就是铁道、道路、建筑物等的基础设施的照明，所显示的是由人建造的事物。换句话说，展现在我们面前的正是“自然”和“人工物”的一种共存的状态。

然而现在在自然和人工物之外要加入一个新的要素。它就是由互联网形成的“网络世界”。尽管从宇宙是看不见它的，但是在地球上它正在担负着极其重要的作用。众所周知，把各种各样的物连接到互联网的物联网（IoT：Internet of Things）正在急速地发展，到处可见人工物和网络世界的相互融合。与此同时，可以认为这是用尽量少的能源实现高性能人工物的智能化，其结果将促进对自然环境的保护。可以说如果沿着这个趋势发展下去，未来的地球将会产生一种新的关系，那就是网络世界将帮助自然和人工物共存，从而创造出由这三者形成的新的生态系统。

图0-1 白天的地球（上）、晚上的地球（下）

再从另一个观点来领会全球化。因为地球是作为球体存在的，大家会注意到，我们能够生活的地面是一个有限的空间。而网络世界似乎是没有边际具有无限深度的空间。因此所谓物与互联网的连接，就是让有限的实际空间与无限的网络空间融合，使产生具有以前没有的性能和效果的人工物的可能性变高。当然，在这个人工物里面也包含社会和产业的基础设施。这正是全球范围内的重大挑战的开始。

*

互联网是什么？姑且可以说它是使用数字技术把IT/ ICT（Information Technology/ Information and Communication Technology）设备（如交换机、路由器和服务器等）相互连接构成的一个覆盖地球的巨大计算机网络。但是，超越这样的“物理的互联网”，还存在着“互联网架构”。

本书一直以后者为对象，探讨基于后者的构筑社会和产业基础设施的方法，也就是去探讨融入互联网基因的设计理念。顺便一提，基于互联网架构的社会和产业基础设施，并不一定仅由计算机和通信设备所构成，举例来说也包含智能电网[①]那样的能源系统等。

在考虑融入互联网基因的设计方面，以下提起的几点是非常重要的。

首先的一点是，支撑互联网进化的是其独特的性质，诸如“透明性”“大致的合意”“尽力而为”“端到端”等。互联网是地球上唯一的一个共享根基，之所以到现在仍然在继续进化，就是因为基于这些性质来实现构筑和运营。其中，所谓的“透明性”就是在通信的路径中不对信息进行加工，这也关系到互联网的开放性和中立性。所谓的“大致的合意”，意味着不从一开始就决定详细的技术规格，而是

① 智能电网：进行发电、输电和配电的电力网，应用信息通信技术进行管理和控制，实现电力网的高性能化和效率化以及成本降低。由美国的电力公司首先设计。目前在与可再生能源等有关的新技术的导入方面，智能电网获得广泛利用。

在运营中逐渐形成。“尽力而为”，就是对目标和应该达到的质量没有制约性要求，只要付出最大努力即可。所谓“端到端”，就是形成一个架构，让位于网络终端的用户设备进行需要智力的高难度处理，让网络中的设备仅进行简单性能的处理，从而促使用户去改良自己设备的性能。

第二点是，互联网上数字技术的导入不仅使系统的成本降低，通过实现内容“从媒体的解放”，还有可能使新技术不断地在互联网上得到广泛应用。例如，报纸、书籍或者CD这样的内容，因为数字化的原因，可以用以往没有使用过的各种各样的媒体分发。如果是数字化的报纸，用各种各样的有线电缆和无线技术分发后，对于内容可以用音频（听觉）听、用显示器（视觉）读，或者用盲文点字（触觉）读。正是由于数字化的原因，没有了对于承载内容的媒体的限制。另外，因为互联网是传送数字信息的“数据包”的系统，凡是可以数字化的东西都可以让其流通。电子邮件、声音、图像、动画、程序等全部都可以由一个共同的系统分发。由于数字化，也就没有了对传递内容的限制。

第三点，支撑融入互联网基因的设计的哲学是“左手研究、右手运用”。这也是牵引日本互联网研究开发的产官学合作组织WIDE项目[①]的方针。尊重“可用的东西”，有意识地不最优化系统，在使用中总是向新的发明挑战，用这种方式实现持续的创新。

---

① WIDE项目：是推进以互联网为代表的广域分布式计算机网络的教育研究开发的产官学的联合体。创立于1988年。创立者是村井纯（庆应义塾大学教授），有100个以上的团体参加。该项目建立的WIDE互联网被认为是日本互联网的开始。

第四点，在历史上作为信息革命象征的互联网，正是其中的“社会性”“全球性”“互动性”这些性质在起着重要的作用。首先如果具备“社会性”，参加者能够以相互提供资源的方式形成大的系统和社区。另外，如果有“全球性”，地球上所有的人都可以利用。然后通过社会和市场的“互动性”，使互联网整体和细部的构造持续进化。这样的性质，也给互联网的安全性和隐私保护方面带来一定的方向。我们知道，通常如果管理和制约起作用，参加者会趋向于萎缩；但是如果处理得好，相反会显现出积极的一面。可以说归功于这样的性质，个人自发挑战就成为可能，从而形成互联网系统持续发展的机制。

基于以上几点，互联网架构得以成立。它不仅适用于互联网，也适用于全部的社会和产业的基础设施。如同已经讲述的那样，至今为止封闭于网络空间的互联网在急速地与实际空间融合。因此，就出现了以智能建筑、智慧城市为代表的基础设施的IT/ICT化。不仅如此，也给庞大的能源系统构造带来大发展。基于融入互联网基因的设计观念，将要进行对所有的社会和产业基础设施的再设计。

*

对于本书的各章，先简单地介绍一下。

第1章，对互联网的架构以回答简单提问的方式进行说明。从各种各样的观点出发，思考互联网究竟有什么特性，为什么会这样发展以及为什么新的服务会不断地出现等。

第2章，对作为互联网前提的数字技术进行整理，探讨其未来的方向性。通过抓住数字化的本质，再次确认互联网成功的原因，探讨今后将发生的“内容的数字原生化”[①]的形态。

第3章，在关于社会和经济的人类历史中，把握互联网的定位，同时进一步探讨融入互联网基因的设计的意义。不拘泥于现在的互联网形态，通过把握其本质架构，探讨今后的社会和产业的基础设施的根基应该如何发展。

第4章，探讨基于互联网的设计思想的安全性和隐私保护。可以看到，往往倾向于会对社会和产业活动加以限制的安全性和隐私保护的问题，如果立足于互联网积极的思维方式，它反而能够成为使创新持续的机制，成为我们的治理方法。

在最后的第5章，以举例说明的方式论述融入互联网基因的社会和产业基础设施的设计、构筑以及运营。可以说智能建筑、智能校园、智能能源系统等，都不再是以往那样的仅在实际空间发展的基础设施，而会通过融合实际空间和网络空间，成为新的相互作用的形态。

*

本书主要讲述了针对21世纪互联网与社会和产业基础设施的关系的思考。面向的读者，首先当然应该是信息和通信专业的研究人员和学生以及未来要与互联网整合的所有产业领域的有关人员（企业、政府部门、非营利组织等），还有对互联网和社会发展方向有兴趣的人们。希望本书能多少成为这些读者的参考。读了本书，如果能对每个读者今后的活动起到作用，即使很少，那也将是我的荣幸。

---

① 内容的数字原生化：不是将模拟信息向数字信息转换，而是从一开始就以数字信息为内容进行传播。

目 录

第 1 章 理解互联网架构的理念

第 2 章
理解数字技术的本质

第 3 章
解读互联网时代的社会和经济

第 4 章
重新理解安全和隐私

第 5 章
基于互联网的基础设施设计

第1章

理解互联网架构的理念

互联网是人类创造的最大规模的系统，它给我们的生活带来了巨大的变革。它让世界上的计算机不分时间、地点相互连接，让信息自由交流成为可能。互联网上的信息被共享或者被加工、被利用于各种各样的目的。

以1969年在美国西海岸的4台计算机[①]上运行的网络为起源，规模急速扩大的互联网现在已经成为覆盖整个地球的重要通信基础设施。在这个过程中，产生了各种各样的新型技术、服务、商业和文化。本章涵盖了互联网所具备的框架和构造，即互联网架构。

互联网架构的“关键”

作为互联网之父之一，罗伯特·卡恩博士是参与了互联网技术核心TCP/IP[②]（Transmission Control Protocol / Internet Protocol，传输控制协议/互联网协议）设计的中心人物。卡恩博士对互联网架构的特点有如下表述：

> 互联网是逻辑的架构。不能说成是由交换机和路由器形成的物理的网络。它让数字信息在有透明性的路径上流通，是提供

---

① 4台计算机：加州大学洛杉矶分校（UCLA）、斯坦福研究院（SRI）、犹他州立大学、加州大学圣巴巴拉分校（UCSB）的计算机。

② TCP/IP：构成互联网的所有IT设备使用的通信协议（通信规约）。在IT设备之间负责良好的数据交换的是TCP，负责数字信息数据包传递的是IP。

共享[1]环境的根基。互联网架构的“关键”在于提供了“选择”（Alternatives）。在通信方面，自由地利用多种媒体成为可能。

（罗伯特·卡恩博士和我的谈话，2004年11月）

毋庸置疑，互联网集成了各种各样的技术。为了让数字信息的数据包在地球上的所有计算机之间传递，现存的交换机和路由器或者所连接的所有计算机都必须安装TCP/IP等软件。但是，仅仅用这些具体的技术规格来理解互联网是不充分的，更重要的是去理解互联网的逻辑，也就是理解互联网的架构。而且，可以说正是这个“互联网架构”才是对互联网的一种抽象。

另外，互联网具有不在通信路径的途中对数字信息进行加工的透明性，它提供共享的环境，只要不对他人加以危害，就允许所有的个人和组织自由行事。而且，互联网架构的重要之处就在于通过接口的开放化和模块化，提供了可供选择各种各样规格模块的环境。这可以表述为提供“选择”。正是由于这个原因，导入新技术时的壁垒变小，从而可以持续地进行系统自身的技术创新。另外通信的时候，上述特征不仅对于“传达”数字信息的媒体有效，对于“被转达”的媒体同样适用，后者也可以成功地自由选择技术规格。卡恩博士的这些表述，为本书“融入互联网基因的设计”的观点给予了很大启迪。

① 共享：Commons，本来是在英国进行牧场管理的自治制度。该制度由古典派经济学者约翰·斯图亚特·密尔（1806—1873）为解决资本主义带来的矛盾而提出。关于土地其主张是，土地不属于任何人，只要对他人不加以危害，无论是谁都可以自由地利用。

“大致的合意”和“仅信任可用的东西”

其次，让我再引用一句来自于互联网社区的著名宣言。20世纪80年代后期，互联网急速普及期间，为了让互联网收容数量庞大的计算机和数字设备，学界开展了关于下一代IP技术规格的探讨。当时，对于没有确认实际状况就要自上而下地进行技术标准化的事件，作为当事者的共同体发出了如下的宣言，提倡回到以往的决定方式。即使在现今，在和互联网有关的组织中，这个理念也被广泛地提倡着，它不仅影响了互联网的技术规格，也在一定程度上影响了其他关于系统运用和管理的观念。

> 我们否定国王、大总统还有投票。仅信任大致的合意（rough consensus）和可用的东西（running code）。
>
> （戴维·克拉克博士，在神户举行的1992年INET年会中来自共同体的宣言）

该宣言所提倡的是，不能根据有绝对权威的人的意见，或者根据多数人的意见来决定事情，而要尊重相关各方之间的利益采取“大致的合意”。对于互联网的技术规格，要“仅信任可用的东西”。

即使到了现在，许多与互联网有关的国际标准化组织在参加会议投票时基本上都是以“国家”的名义行使各国平等的投票权并用多数表决来决定结论。因为这个原因就会出现采纳的不一定是合适技术的情况。当经历过对象系统开发和运用的技术人员没有成为负责人时，也就会产生采用没有经历过实际安装和运行的系统的风险。为了防止这种状况发生，提倡的精神是不采用授权和多数表决的方式，不信任还在开发之中且不知道是否实际能完成的系统（称为Vapor-Ware）。

互联网始终在运行，响应着来自用户的要求。运行在使技术进步的同时，每时每刻形成的都是一个开放的系统。因为从一开始就确定详细的技术规格是不合理的，所以要基于大致的合意，以实际可以运行的系统为出发点。这也是所谓的互联网的“当前最好惯例”法则（BCP：Best Current Practice）。

以下，用回答简单提问的方式整理关于互联网架构的一些特性。

1 互联网究竟有什么样的特性?

7大特性

互联网被称为“网络的网络”。作为覆盖整个地球的网络集合体，互联网究竟有什么样的特性？在2007年10月于加拿大多伦多举办的互联网协会（Internet Society）上，把以下7点作为“互联网应该保持的特性”：

（1）全球性（Global）；

（2）透明性（Transparent）；

（3）多样的文化（Multi-Culture）；

（4）自由和匿名性（Liberty and Anonymity）；

（5）不公平但公正（Fairness，not equity）；

（6）共享（Commons）；

（7）机会的提供（Opportunity）。

在此将详细地说明列出的7点。首先互联网是“全球性”的空间，没有国界划分的概念，能够任意地创立跨国的社区和组织。这些社区和组织也能够形成并发展出有各自特色的“多样的文化”。

在互联网上，个人进行自由的信息发送是由“匿名性”保证的。还有在通信路径的途中不进行信息的加工，也就是将通信的“透明性”作为一个前提条件。对于如何利用互联网，基于“共享”的想法，在不给他人负面影响的范围内，必须提供允许自由活动的环境。

在此基础上，本着对所有的个人和组织提供同样服务的“不公平但公正”的条件，对要从事新的挑战和竞争的任何人，实行“机会的提供”是必要的，提倡不是从上到下，而是从下到上的治理方针。

这7点虽然简单，但是直戳互联网的本质。互联网协会认为这7点将促进互联网的进一步发展，希望能够继续保持。

国际和全球

在互联网出现的同时，各种各样的活动（特别是企业的经济活动及个人的交流活动）也在逐渐全球化。在此基础上，关于互联网管控的议论，从2012年的世界国际电气通信会议[①]就开始非常活跃了。另外，以2014年巴西的NETmundial[②]国际会议为契机，积极地讨论了关于包含通信规约的号码及名称[③]的管理体制在内的治理方式。

根据这些讨论，我们来考虑一下关于全球网络的治理必须要有什么样的视点。在图1-1中，整理了以“国际”和“全球”的思维为前提的网络的比较。

国际	全球
联邦型	平台型
双边	多边
榨取，非对称	零和博弈，对称
国家、政府是主角	国家、政府是利益相关者之一（有多利益相关者）
例：联合国	例：世界经济论坛

图1-1　“国际”和“全球”网络的比较

首先在“国际”的网络中，因为是以地理边界的存在为前提的“联邦型”，故遵循的是“双边（两个国家之间、双方的）”政策，各国为了自己的繁荣在某种意义上榨取对方国家的财富，实际上进行的是非对称贸易。

① 世界国际电气通信会议：即WCIT-12（World Conference on International Telecommunication 2012），参照如下http：//www.itu.int/en/wcit-12/Pages/default.aspx。

② NETmundial：参照如下http：//netmundial.br/。

③ 关于包含通信规约的号码及名称：对应计算机所在地的IP地址、对应名称的域名，或者在通信规约中必要的可供识别的号码及名称。这个业务，在IANA（Internet Assigned Numbers Authority）进行。

另一方面，在“全球”的网络中，因为是超越地域界限的共享的“平台型”，故遵循在“多利益相关者”之间形成“多边（多国间、多方位）”政策。在此，国家是作为多利益相关者（不仅仅有国家也包含企业和个人）之一。关于这个网络的治理，必须构筑在国家与多方利益相关者之间，通过适当的协调，处理好合作的关系。

2 互联网与电话比较为何便宜？

互联网与电话系统比较，可以提供非常便宜的服务，其理由是它能够齐备“数字技术”“社交网络”“尽力而为”这三个要素。下面按照顺序逐个说明。

数字技术

早期的互联网多被使用在大学校园和校园之间，通过电话网的专用线连接，使用的是“调制解调器通信技术”。另一方面，在校园内，网络由以太网线缆为代表的专用线构成，使用的是“数字通信技术”。

所谓“调制解调器通信技术”是在模拟通信上实现数字通信的

技术（在互联网普及的时期，反而是在技术加以变更之后，在数字通信上提供模拟通信）。然而，以这样的方式，要先把数字信息变换为模拟信息，再变换回数字信息，效率非常不好。出于这个原因，从20世纪90年代末期到21世纪早期，伴随着宽带互联网的普及，以DSL（Digital Subscriber Line）为代表的不进行数字与模拟变换的技术，将通信服务移向了直接传送数字信息的基础设施。作为结果，和互联网连接的设备不再需要数字与模拟的变换，实现了通信成本的急剧削减（其细节将在下一章说明）。

社交网络

“社交网络”在世间已经是耳熟的词。在互联网领域，它意味着“实现个人间交流的网络”。然而，在城市设计及交通与流通的领域，它有时是指“以个人（或组织）共享资源的方式构成的大规模网络”。

在后一种情况下，如果个人对资源有贡献，设想的是该贡献也将会作为对自身的好处反馈回来。例如个人进行自主的投资，该系统向社会提供的功能及服务就会得到改善，进而个人也能够享受它。从道理上讲就是实现“正反馈”（Positive Feedback Loop）。这是在个人和社会之间构筑双赢关系的系统，“我为人人，人人为我”（One for All，All for One）以及“整体和个人的双向性”机制正在起着作用。

即使在互联网领域，社交网络也反映着在这个意义上的性质。互联网通过保持系统的相互连接性，使个人的自主投资让面向社会的系统功能和服务得到改善，然后个人也能够享受。也就是说，形成的是正反馈的机制。其结果就是能够提供非常便宜的服务。

尽力而为

互联网传递数字信息的数据包到目的地的时候，一直实行的不是“保证”（Guarantee），而是“尽力而为”（Best Effort）的通信服务。在以电话为代表的以往的通信服务中，有称为“服务水平协定”（SLA：Service Level Agreement）这种关于服务质量的协议，明确表示了对于服务要保证到什么程度的质量，让用户满意协议所承诺的服务水平。然而，互联网的服务，基本上不存在这样的保证类型的SLA。作为代替，它有以通过尽力而为提供服务为前提的SLA，其是基于以下两点实行的：（1）以尽可能正确地、尽可能快地传送信息为目标；（2）服务质量的保证由在网络终端的用户负责（称此想法为“端到端”）。这样似乎会造成服务质量低下，但是我们知道，因为有社交网络的构造，正反馈的作用得到充分的发挥，提供更高质量的服务，实际上对个人和整体都有好处。

此外对于传送数字信息的各系统，第（2）点免除了它们对质量的责任。例如，对于称为路由器的用来中继数字信息的数据包的设备，并不需要进行关于数据流的状态管理，这就在显著降低路由器的负荷上获得了成功。其结果就是，互联网能够提供超高速宽带通信服务。

这种方式下，因为各系统侧提供的服务质量是尽力而为，所以事实上和它连接的用户侧就有积极性去提高自身设备的性能。因此，“我为人人，人人为我”这个关系被进一步放大了。

3 互联网为何在大震灾时仍能保持运行?

运行的系统、停止运行的系统

2011年3月11日发生东日本大震灾的时候，在ICT/IT系统中，有的系统仍能保持运行，有的系统却停止运行了。它们的差异点在哪？具体而言，使用互联网的服务能够保持运行，但是以电话为代表的其他服务都停止运行了。在此尝试将它们分别整理如下：

［保持运行的系统］

- 用蓄电池驱动的移动终端（笔记本电脑、平板电脑等）
- 社交网络服务（Twitter、Facebook等）
- 网站服务器
- 数据中心[①]
- 卫星

① 数据中心：放置各种计算机（服务器等）及数据通信设备的设施的通用名称。专门用于放置互联网服务的设施，称为“互联网数据中心”。

［停止运行的系统］

❑ 电话（有线电话、手机）

❑ 短信服务、手机邮箱

❑ 企业的停电应对系统

如果这样排列，“保持运行的系统”有一些共同的特性，可以整理为以下的5点：

（1）平时提供的就是尽力而为的服务。

在互联网瞬息万变的环境中，能够持续服务的技术被开发并应用到各个系统。另外，因为服务的停止对业务而言是致命的，系统平常就以“尽力而为”为宗旨提供了相应质量的服务。因此，即使发生意外情况（如集中地访问网站服务器施加高负荷等），服务仍然能够继续保持运行。另外，为了优先服务的保持，在实际运行中也使用到了低质量的网络根基。

（2）使用所有的通信媒介和路径。

为了防止中断服务，系统正常的时候就能够使用所有的通信媒介和路径。也就是说，根本没有非常时期才能使用的专用的系统及算法，无论正常还是异常，系统都在同样的环境下运行。

（3）服务具有自主性和协调性。

各系统的运行既不是封闭的也不是独立的，而是通过软件程序，以和其他系统自动协调为前提。同时各系统也设计了自主性的运行程序，即使不能取得和外部的协调，系统也能够单独运行。

（4）以信息丢失为前提。

因为是尽力而为的服务，故整个系统以信息的丢失为前提进行设计。其结果是在系统内不管理各个数据流，位于端边的用户有责任保证服务质量。因此，即使在非常时期，也能成功地防止通信基础设施的负荷高于预期。

（5）通过程序实现系统控制的自动化。

为了保持服务的提供，管理及控制的功能是必要的，但是其中大部分都已经由程序自动完成了，也就是处在不介入人的判断的状态。当程序运行出错的时候，由人来进行控制是重要的，但是当大灾害发生的时候，担当者在执行管控时会有很大的不安，很多时候会发生踌躇。

实际上在广域的电力供给系统，就有因为是由人来进行非常时期的操作启动引起的实施延迟、停电的事例。从此之后，灾害时的操作实施，就尽可能地变更为不经过人为干预的状态。可以说以这种方式，通过程序实现灾害时应对的自动化，让互联网的持续运转更加稳定了。

元旦时的留言通信

另一方面，“停止运行的系统”都是以非常时期的运行和平常时不同为前提设计的。换句话说，在非常时期运行的都是平常时不曾运行的处于一个特别形态的系统。还有在非常时期不保证公平性，其基本想法是通过对优先特定用户的控制使服务继续，其动作的算法也是基于该想法的。

这件事的具体案例是元旦时用手机电子邮件发出的“新年好”的

短信。与平常相比，元旦时更多的用户要用手机发送电子邮件。当需要应对这样的“非常时期”的时候，通过强制的限制可以降低使用手机电子邮件的用户数，从而保证服务的质量。这事实上是把用户分出等级，保证优先级高的用户（政府及自治体等）的通信。也就是说，其想法是在非常情况下，放弃对所有用户提供服务，仅对优先的用户继续提供服务。从一开始，系统就是这样设计的。

这样的特性通常在电话通信中可以看到。知道这个特性的新闻机构在非常时期一旦可以通话就尽可能地故意不切断电话。这样的例子在2001年9月11日发生的美国恐怖袭击时就出现了。和当地连接的广播电台因为知道再次连接时会被拒绝，所以就一直不切断电话继续进行信息的收集。

如同上述已经整理的那样，在东日本大震灾发生的时候，以电话为代表的系统（以特别的操作为前提的系统）保持运行的情况极其少。手机电子邮件在元旦那样的非常时期，尽管采取了强制限制服务量等特别手段，但在超出其应急响应能力的非常时期就无法应对，系统也就停止运行了。

相反，利用互联网的系统（不以特别操作为前提的系统）则能够运行。即使发生“火灾”那样的突发事态，互联网上的社交媒体用各种各样的手段仍能使服务继续。因为这和用户的确保、商业的成功有关，故在非常时期，也不能进行强制地限制服务量这种特别措施。因此，即使在东日本大震灾那样的不曾有的状态下，虽然说服务质量有所降低，但服务本身能够继续。

面对各种各样的灾害，自治体和企业等组织准备的非常时期的对策系统也有很多实际上不能良好运行的事例。如果在这样的对策系统中引入互联网所具有的特性，那么即使发生超出想象的意外情况也一定能够应对。

海湾战争时期的互联网

如同到目前为止已经看到的那样，鉴于互联网的特性，在灾害等非常时期，数字信息的数据包仍会被送到目的地的计算机。互联网传递信息的可靠性最早被确认是在1990年到1991年的海湾战争中。

海湾战争是一次在沙漠的严酷环境下进行的军事行动。它证明了能够稳固运行的是使用TCP/IP技术的系统。这些系统因为可以使用相互连接的所有通信媒体，作为数字信息的数据包在传送途中即使丢失或延迟，各装备的计算机以及士兵所持有的计算机仍然可以再发送IP数据包以继续提供数据维持通信。在这样苛刻的环境中，如同以往那样，让以特定的通信媒介始终运行为前提的系统来应对是不可能的。

4 互联网为什么会持续发展？

尤塞恩·博尔特和江崎的100米赛跑

“在小学生运动会的100米赛跑中拿第一，你会怎么做？”如果这样问的话，在许多场合我们得到的回答是“练习”。但是，如果换成“和北京奥运会田径100米的金牌获得者尤塞恩·博尔特比赛”，我们会得到什么回答？相信多数的回答是“没有希望、不会考虑”。

但是，如果比较一下尤塞恩·博尔特和江崎的身体条件可知，身高是196厘米对168厘米，江崎矮15%；体重是95公斤对100公斤，江崎重5%，条件差异并没有很大。但是，因为博尔特用9.58秒跑完了100米，江崎在途中摔倒“没有记录”，效率性的差异却是无限大。虽说如此，如果不知道博尔特的名字或不看实际真人的照片，有人想尝试挑战他也不是不可能的。问题是，当你看到名字和照片，就会放弃这一想法。

不固定规则

那么，怎样才能战胜博尔特？用通常的方法“练习”，几乎不可能。是否还有别的办法？如果把脚“机器人化”好像能赢。这可以理解为导入新的技术。只是，用这个方法可以战胜博尔特，但是在奥运会不能取胜。因为在那里，存在奥运会的100米竞赛规则。也就是说，如果不依靠练习想用创新的技术取胜，几乎要改变所有场合的规则。例如，规则允许把脚用功能模块替换，或者允许其他的选择。如果这样考虑，同样是100米竞赛，残疾人奥运会可以说是开拓使用新技术的领域。在此，博尔特这样优秀的赢家将为了不改变规则而尽最大限度的努力。原因是，至今为止的规则是最适合博尔特的，如果规则被改变了，就成了加拉帕戈斯化。

那么，为了赢得100米赛跑制作的机器人的腿，如果改造得好也能够运用到其他的竞赛中，甚至在奥运会竞赛以外的领域也能使用。为此，要不限制谁（Who）、在哪（Where）、如何（How）使用机器人的腿。这就是创新技术的“横向展开”。而在下一个阶段，虽然听起来自相矛盾，但这个新的技术一定要找到只有该技术才能利用的领域。在以前的领域，它是为了实现某功能的仿真技术，而在“只能用该技术”的领域，将获得这一技术原生的使用方法，实现通过创新的技术，开拓至今为止不及的领域甚至不存在的领域。一旦进入这个阶段，因为没有现存的规则，所以可以自己制定规则。实际上，互联网能够不断发展的原因，也就源自这个道理。

提供选择

在100米赛跑中，很重要的一点是置换具有腿这种功能的模块，或者使其他选择成为可能。同理，在互联网中，要有意图地将系统的构成要素模块化，以及开放使用这个模块的接口。另外，通过标准化这个接口的设计，将各模块用不同的技术和安装方式进行替换。

为了实现某功能，如果可以选择其技术和安装方式，那就能在这些功能提供者之间促成相互竞争，同时还可以形成把这些模块平行（不给其他模块施加影响）置换的状态，从而，继续促进质量改善和技术创新，实现各个模块和系统全体成本的降低。而且尽管各模块不断地变化，仍然能够保证系统持续运行的环境。

为了使替换技术和安装方式成为可能，有必要仔细设定模块的接口。正是这个接口才给置换作业带来大的影响。如果接口理想，将减少置换的时间，让系统具有扩展性和灵活性。

不进行最优化

另外，互联网能够继续发展的重要理由还包括“粗结构”。每个模块在使用新技术和安装方式的时候，完全不影响其他模块是不可能的。为了使这个影响尽可能减小，实现模块的便利置换，我们要敢于不进行最优化的系统设计。

让我们尝试考虑一下和尤塞恩·博尔特的竞争。假设博尔特已经对自身系统进行了最优化，也就是使自己的各部件最适应当前给定的条件。那么，如果博尔特再安装新的部件（如机器人的腿），就会失掉整体的最优化，对其他部件的影响也会变大。对于部件的变化，为了使其影响范围变小，在将系统模块化的时候，敢于不进行最优化是有利的，也就是要以“粗结构”为目标。

仅信任可用的东西

互联网在通信路径的途中不进行信息加工，具有透明性的同时也具有开放性。另外，它也不是固定了边界的封闭系统，使用者能够自由地参加或退出，这一意义上互联网也一直保持着开放性。对于封闭系统而言，最优化是可能的；但是，对于不存在边界的开放系统而言，试图最优化是困难的。设计系统时，即使最初的状态（初期值）是相同的，但由于干扰，其状态也不是唯一确定的。因此，如果初期值就有微小的差别，随着时间的推移这个差别将会以指数函数变大。

例如，在弹子房作为初期值的弹球速度和角度即使差异很小，弹球最后的到达点仍有很大差异。众所周知，这种现象被称为混沌理论。在短期内，虽然能够进行某种程度的预测，但是长期的预测实际上是不可能的，这一理论也被称为蝴蝶效应。

即使在系统构造不发生变化的弹子房，都不能预测弹球的运动，那在系统构造总是随着其自身状态变化而变化的开放系统中，即使赋予了初期值，想知道随后的系统会成为什么样子更是难上加难。可以预报几天后的天气，但如果是一周以上，甚至使用超级计算机也几乎是不可能实现的。

初期值的设定是很难的，在有各种各样不能预测的干扰进入的开放系统中，更无法预测随后的结果。因此从一开始不能详细地设计整个系统，只能是一边运行一边依次地加以修正，在应对环境的变化中发展下去。互联网本身是开放系统，而不是一个封闭系统，故不进行最优化，仅决定粗架构，然后“仅信任可用的东西”，根据情况适当地调整下去。

提出“仅信任可用的东西”这一方针的是美国国家标准技术研究所（NIST）[①]。广为人知的是，NIST很早就统一了消防车水龙带阀

① 美国国家标准技术研究所（NIST）：National Institute of Standards and Technology 是美国的国立研究机关，负责进行美国的技术创新和产业竞争力的强化，为了让社会和产业的活动质量得以提高，制定规格，促进技术开发。官方网站为http：//www.nist.gov/。

门的规格。曾经发生大火灾的时候，从周围赶来的消防车不能参加救火。原因是每个州水龙带阀门的规格种类繁多，妨碍了协调作业。基于这个经验，NIST提议“无论哪个州都要采用美国联邦政府的技术规格，让其作为共同的标准”。在那个时候，采取了“推荐但不强迫”的方针，这是非常明智的，而且促成了实际的机制。在某种意义上，其想法是仅信任在实际中可以使用的东西。在这种情况下，如果NIST提议的规格是不合理的，各个州可以不采用。这就是“推荐但不强迫”的含义。与此同时，认为使用共同规格可带来便利并积极采用的州增加了，可以进行协调作业的范围也就扩大了。

站在互联网的角度来说，尽管产业界和市场可以不采用新的技术和安装方式，但是如果有利就应采用。如果想要让使用这些技术和安装方式的用户增加，相互的连接性就要得到保证，通过能够形成共同的平台来催生新的业务，才会出现市场扩大的可能性。

能够应对随时变化的构造

整理一下到此为止的内容，互联网能够持续发展的理由如下：

（1）不固定规则。

- ❑ 不限制谁（Who）、哪里（Where）、如何（How）
- ❑ 开拓至今为止不存在的领域

（2）提供选择。

- ❑ 模块化
- ❑ 开放化

（3）不进行最优化。

❑ 粗结构

（4）仅信任可用的东西。

❑ 从一开始不详细设计整个系统

一般认为这些想法都将促进互联网的持续发展。如果用达尔文进化论的观点简单地描述，那就是“在这个世界上生存下来的生物，不是力气最强的，也不是头脑最好的，而是能够应对变化的。”能够应对变化的构造总是被选择的，而且能够给系统带来新的构成要素，为此任何人都能通过连接来参加。所以说，今后互联网也必须持续做出这样的努力。

5 加拉帕戈斯化生意是好事吗?

加拉帕戈斯化的产品和服务

所谓“加拉帕戈斯化”，是来源于日本的商业术语。在日本市场这个隔离的环境下，最优化的产品和服务往往失去了和海外市场的兼容性。一些产品、服务和日本产品相比较，尽管在质量和功能上有所欠缺，但因为成本低，却能在海外得到普及。日本制造的产品在海外不能获得市场，甚至在本土市场也渐渐被淘汰。“加拉帕戈斯化”指的就是这样的情况。

通常认为日本的产品和服务，擅长于“加拉帕戈斯化”，但不擅长于符合“全球性标准”。这是因为，模块化和开放化对日本擅长的功能“磨合（让构成要素相互密切关联的方法）”和“精细制作”的方面有所影响，甚至使这些技能消失。此外，由于缺乏英语会话能力和谈判技巧，在全球化的世界日本的优秀技术很难得到传承，这些都加速了“加拉帕戈斯化”。

然而，即使在海外不能卖，但在日本会有人知道其价值，这就是为何日本特有的加拉帕戈斯化产品和服务日益展开的原因。专注于某个国家和地域的产品和服务，仅在当地消费是很常见的，但是在日本，似乎这个比例与海外相比要更大。

当利用加拉帕戈斯化的功能磨合和精细制作的范围较广，正如我们在尤塞恩·博尔特的100米赛跑中看到的那样，与敢于不最优化的系统相比较是不利的。但是，如果磨合的范围是在模块中进行，因为能够原封不动地提供日本人擅长的高质量和高性能，故在全球市场的展开就成为可能。索尼开发的非接触型IC卡FeliCa，就是该策略的一个实例。

FeliCa含有“无线通信功能”和“数据处理功能”，因为最初仅由索尼制造，这两个功能就成为磨合型的内部构造，没有明确分离。然而，当看到海外市场中无线通信可以使用的频率和方式因国家而不同时，索尼就将两个功能分离，使其成为两个模块。这样在很多国家就出现了能够提供“无线通信功能”的企业，从而实现了FeliCa海外市场的扩大。与此同时，索尼在“数据处理功能”模块，展开了优秀技术的加拉帕戈斯化。通过这种方式，我们知道如何确定开放化和模块化的单元以及确定加拉帕戈斯化的范围是非常重要的。

加拉帕戈斯化的市场

下面让我们考虑一下“加拉帕戈斯化的市场”。为了使加拉帕戈斯化成立，需要有相应的市场规模。因为日本的市场规模仅次于美国和中国，是世界上的第三位，所以可以说即使没有与其他国家市场的兼容性，日本市场也是足够的。但是现在，世界市场规模的差距正在变小，日本和中国以外的亚洲市场（印度、东南亚诸国）等正在急剧地增大。在这种情况下，必须考虑如何看待日本的加拉帕戈斯化的市场。

日本市场有一个特点，就是寻求非常高质量的产品和服务。例如，日本的互联网通过2000年施行的e-Japan战略[①]，在提供世界上最快、最廉价的宽带环境上成功了。在其他的许多国家，它至今仍然是还不存在的环境，它应该成为未来基础设施建设的目标。从这样的例子中可以看出，日本市场期待着高质量的产品和服务，就是在这样的情况下，市场的加拉帕戈斯化逐渐出现并被积极展开。

这样的日本加拉帕戈斯化市场，可能类似于企业内的研究所。和提供经得起市场竞争的产品和服务的事业部不同，研究所开发的是理想的高成本的样机。这个样机并不能全部商业化，仅有一部分能投入

① e-Japan战略：2000年9月日本政府提出的以日本型IT社会的实现为目标的构想、战略和政策的总体。推进了IT基本法的制定及超高速互联网基础设施的整合，推进了互联网服务的低廉化以及便利性。随后数年日本的互联网环境实现了世界最高水准的通信速度和低廉价格。

到市场，其中仅有很少的部分具有竞争力能被市场接受。在此把“企业内的研究所”置换为“日本的加拉帕戈斯化市场”，然后把“事业部”置换为“海外的非加拉帕戈斯化市场”，我们就很容易理解。

在这种情况下，“海外的非加拉帕戈斯化市场”的成功技术，又反向输入到“日本的加拉帕戈斯化市场”。某种意义上可以说是发生了反向创新[①]。在此重要的是，要事先准备把在“非加拉帕戈斯化市场”中培育的技术随时引入到“加拉帕戈斯化市场”的产品和服务中。换句话说，要事先进行这些产品和服务的模块化和开放化。如果有这样一个特点，那么加拉帕戈斯化就不是坏事，其反而能够在最前端的市场尝试新技术、新产品、新服务，可以说是处在非常好的环境。

6 为何尽力而为就可以了?

尽力而为，也就是“尽最大限度的努力”。从字面上理解，大家会有什么样的印象呢？因为仅仅是尽力，是否会联想到低质量的服务？在这种场合，很大程度上涉及如何去理解这个“最大限度”。

---

① 反向创新：通常认为，创新在富裕国（“上游”）产生，被市场接受的商品和机制逐渐地波及新兴国（“下游”）。但是，考虑到新兴国的特殊环境（经济成本、基础设施、气候等）而产生的东西，反而存在着向富裕国波及的创新。创新反向的波及被称为“反向创新”。

实际上保证型也是尽力而为型

我们使用某种服务的时候，判断是否选择的标准有“内容”和“可靠性”，还有享受该服务的“成本”。服务的运行商对契约者明示能保证什么样的服务质量的合同，被称为“服务级别协议”（SLA）。在互联网的情况下，用户根据提供服务的运行商给出的SLA的条件，来决定是否购买服务。然而，在此很重要的是，该服务是基于尽力而为的，不存在要提供100%的保证。

但是，在与“尽力而为型服务”（Best Effort Service）比较时，的确有“保证型服务”（Guaranteed Service）这种运行商会保证向用户提供用数字设定质量的服务。然而，因为这个服务的质量也是按照概率来保证的，所以实际上并不是100%保证，在一定程度上也有不能提供的时候。换句话说，该服务和尽力而为型服务是一样的。总之，承诺的是在服务中能够提供的“概率”。当然，这个“承诺”实际上也是尽力而为。

没有目标值，为何不偷懒？

互联网提供的服务就是将装满数字信息的数据包送到目的地。在执行的时候，互联网的参加者是以付出最大努力的方式提供服务。在此情况下，最大努力的具体内容就是尽可能快地把IP数据包正确（内容和送信地址都没有出错）地送到目的地。互联网就是仅进行这样单纯的服务。

为何没有应该作为目标的服务质量，但是互联网仍然会被社会所接受？既然互联网不被苛求质量目标，那么提供最大努力就可以了。可能有人会认为，在大多数的参加者不具有较高的道德观的时候，似乎会把“最大限度”尽可能地降低成“负反馈”。但是，互联网和这完全相反，参加者处于以竞争的方式提供高质量服务的“正反馈”之中。因为提供更高质量的服务，就是在形成一个自身受益的结构。互联网通过不同的技术和安装方式置换各个模块，为所有的个人和组织提供参与业务的机会。作为结果，适当的竞争环境也能得以保持。

另外，由于是最大限度的努力，在服务的质量上没有上限。如果有了作为目标的质量，进一步的超过目标的质量改进就显得不必要了。因此，在保持了质量之后，就会致力于成本的削减，在质量的改善方面就不会付出努力。但是，互联网因为没有确定作为目标的质量标准，于是就没有“实现了目标”的说法，有意愿的个人和组织会进一步以高质量为目标。很明显，其实成功的企业都在努力不断地提高质量。另外从这个角度来看，我们相信正是“尽力而为”这样的不定义目标质量的系统，才创造出积极的正反馈。

另外重要的一点是，正是因为不存在应该保持的目标质量，反而产生激励，那就是为了质量提高而努力去获得市场的竞争力。相反在设定了质量目标的场合，如何处理不能保证质量技术要求的组织？

另外，何时变更目标值、实施到什么程度等，都是很难判断的。换句话说，由于不存在要保持的目标值，基于市场原理的质量的改善会自动进行，可以说在运行商之间只要没有卡特尔，就能形成一个竞争环境。

怎样使尽力而为的环境持续？

这样尽力而为的环境，如何才能持续下去？这对于互联网的治理是一个重要的课题。关于互联网的方针，作为对美国政策起到很强影响的内容，要提到的是2005年美国联邦通信委员会（FCC：Federal Communication Commission）宣布的“宽带政策纲领”[①]。其中，提出了实现尽力而为的关键是“网络的中立性”（Network Neutrality），以下是相关的论述：

为了推动宽带的发展，保持公共互联网以开放的方式相互连接的性质，要让消费者拥有如下的四种权利：

（1）自由地访问合法的互联网内容的权利；

（2）在法律容许的范围，自由地应用服务的权利；

（3）用不伤害网络的合法手段自由地连接的权利；

（4）选择网络运行商、应用运行商、服务运行商、内容运行商的权利。

换言之，其主要的内容是，所有的人在合法的范围内能够访问内容、能够提供和利用服务、能够把数字设备连接到互联网，还有就是不被锁定[②]于特定的运行商，用自己的决定自由地选择运行商。FCC所提出

---

① 宽带政策纲领：参照如下https：//apps.fcc.gov/edocs_public/attachmatch/FCC-05-151A1.pdf。

② 锁定：改换其他的运行商所提供的同种服务有时是很困难的事情。

的这一原则，不仅在美国、在世界范围被广泛参照，也在作为各国的信息通信政策的背景发挥着作用。在此所建议的是，不是由各种运行商主导，而是必须在用户的主导下进行信息通信基础设施的运用。

顺便说一句，FCC是美国联邦政府的独立机构，它进行着广播通信业务的规则监管，持有对运行商执照交付的决定权和规则的制定权。FCC的起源可以追溯到1887年设立的州际通商委员会（ICC：Interstate Commerce Commission）。当初设立ICC，据说是为了促进迎来黄金时期的铁道行业的健全发展而制定规则。为了不让一部分企业以绝对优势进行不健全的市场支配，在那里制定了可以让竞争原理起作用的规则。例如，在只有一家企业铺设线路的地域，对于所有的要使用该线路从事列车业务的铁路公司，必须公正、公开地提供公平的条件。或者更换列车的车站时，不是仅让特定的铁道公司使用，而是使其对所有的铁道公司具有中立性等。

在紧急情况下能够应对的尽力而为

互联网的服务基于尽力而为，没有对质量应该保证的目标，虽然灾害时难以对所有的用户提供充分质量的服务，但仍能够提供不中断的服务。正如本章第3节所描述的那样，这已经在东日本大震灾时被证实了。

互联网提供的服务，就是把IP数据包送到目的地。但是传送IP数据包的路径，是由进行传送服务的路由器的程序自动决定的。这被称为“路由控制”。尽管有未能到达目的地的路径和非常遗憾未能发现路径的场合，但是通过路由控制IP数据包可以到达目的地的路径，是在把握互联网状况的情况下，用尽力而为的方式寻找的。作为结果，可能会发生传送延迟，很难说一定有好的服务质量，但最终寻找出路径的可能性变高。因此即使在紧急的时候，也可以找出能够利用的路径，能够把IP数据包不丢失地送到目的地。

因为传统的电话系统是先提出通话服务的质量，再使其满足的构造，故在紧急情况下不得不限制使用，不能向所有的用户提供服务。存在应该保障的质量目标，服务反而被限制了。与此相反，因为互联网不存在作为目标的质量，所以尽管是低质量，但对于更多的用户能够继续提供尽力而为的服务。这在紧急情况下是非常有效的。

7 端到端究竟有何意义?

所谓“端到端”，是指选择一个架构让在网络边缘（端边）的用户的设备执行需要智能的高级处理，而让在网络中的设备只执行简单的处理。这使得用户的设备功能提高，实现持续创新的同时，也会由此将用户形成群体和社区，并将自由地传播文化等纳入视野。基于端到端的系统的设计，可以概括如下。

用户之间的功能是用户的责任

互联网的服务，就是将IP数据包送到目的地。面对互联网的大规模化，为了不急剧地增加负责IP数据包传送的路由器的负荷，整个系统的设计要尽可能地简单化。那么，基于这样考虑设计的路由器的功能会是什么？那就是，路由器接收到IP数据包之后，传送到下一个中继地的路由器（或者目的地的计算机）。当传送IP数据包的时候，路由器根本不用关心发送数据包的计算机是哪个，仅依靠关于目的地的信息向认为是最合适的邻接的路由器传送即可。在传送到了邻接路由器的瞬间，路由器就忘记这个IP数据包的存在。

这样，路由器对于从“发送信息的计算机”到“接收信息的计算机”之间的IP数据包的传送是否可靠进行的状况，完全没有必要担负责任。路由器不管理用户间通信，只将从邻接的路由器接收到的IP数据包中继到另外的邻接路由器即可。这样的单纯的服务，也一直用尽力而为的方式实行。

因为中继传送路由器的服务仅用最大努力即可，就有IP数据包的顺序出错、延迟变大或者不能送到目的地的可能性。在此，要实现用户间无差错的数据通信，需要提高的功能都留给了用户的计算机。其基本想法是，在用户间的数据通信的责任，归属于始点的计算机和终点的计算机，也就是由位于边缘（端边）上的计算机负责。因此，在端边的计算机之间所谓的由互联网提供的最低限的服务，仅仅是简单的送信或接收IP数据包中的数字数据。

因为在用户中，有的人要求非常高的通信功能，有的人就没有这个要求，所以在端边的计算机间提供什么样的功能完全由用户的计算机决定，也完全留给用户负责。为了实现这个目的，在传送路径上的路由器要具有“透明性”。所谓透明性，意味着对接收的IP数据包完全不加以修正和变换等。

透明性使持续的发展成为可能

这样一来，通过路由器进行具有透明性的传送，就自主和分散地实现了各用户（端边）的多样服务。此外，端点计算机技术的进步，保证了端点计算机间所提供服务质量的提高。在此所说的“端点计算机”，不仅指从各种服务运行商提供服务的用户的计算机，也指为了向用户提供这些服务的服务器计算机。换句话说，诸如网站服务器、电子邮件服务器等在服务提供商中运行的服务器计算机，也是端点计算机。

顺便说一句，有几种接近于“端点计算机”的系统。例如网关和防火墙路由器。网关起的作用是和互联网以外的网络相互连接，该网络不是基于互联网的TCP/IP技术规格。防火墙路由器起的作用是阻止从外部来的未授权的访问和入侵。对于这些功能和定位，我们如何考虑为好?

首先，网关作为端点计算机发挥作用，可以理解为它提供的是翻译服务，收容的服务对象是“不能说互联网语言的计算机”，在网络间起连接作用。因为在网关并不生成不能传送的IP数据包，可以认为它是具有透明性的端点计算机。

另一方面，防火墙路由器有选择地丢弃被判断是对用户危险的IP数据包，在端点计算机有故意不传送的功能。可以说它是不具有透明性的路由器。这就是说，用什么样的策略，或用什么样的算法决定不传送IP数据包，使用它的用户应该事先知道。虽然将在第4章详细论述，但这里也要提一句，为了互联网的用户自由地进行信息的发送和接收，保证“通信的隐匿性”也是重要的。当面对防火墙路由器的应用时，必须考虑需要把它保证到何种程度（换句话说，由防火墙提供路由器服务的公司，即使知道通信的内容，也必须要做到保密）。

另外，对于网络攻击，需要从综合的观点决定用户的计算机应该把耐性提高到什么程度。如果以完全的透明性为前提，也可以不使用防火墙路由器。尽管如此，要想减轻用户计算机实现安全性能的负荷时，仍然要使用防火墙路由器。在这种情况下，对于用户的计算机的合理解释是，在委托安全性能的同时，也委托透明性的功能，这样一来，有助于实现更加健全和高度安全性的系统。

透明性实现多元文化

所谓互联网，就是“网络的网络”。由每个个人和组织自主且分散地构建的网络，通过路由器相互连接，几乎能够无限制地扩大。而到今天，网络已经构建在全球的范围内了。同时，因为是基于简单且有透明性的端到端的系统，在地球上就自由地形成了由众多用户参加的群体。这些群体逐渐地变大成为社区，创造出多元的文化。

如图1-2所示，首先形成的是有地理界限的“联邦型物理网络”，通过进行具有透明性的相互连接，就形成没有区域限制的“平台型逻辑网络”。然后在此基础上，就自由地构成了“全球型社区网络”。平台型逻辑网络上的用户计算机，可以同时参加一个以上的社区网络（Multi-Home，多家庭）。

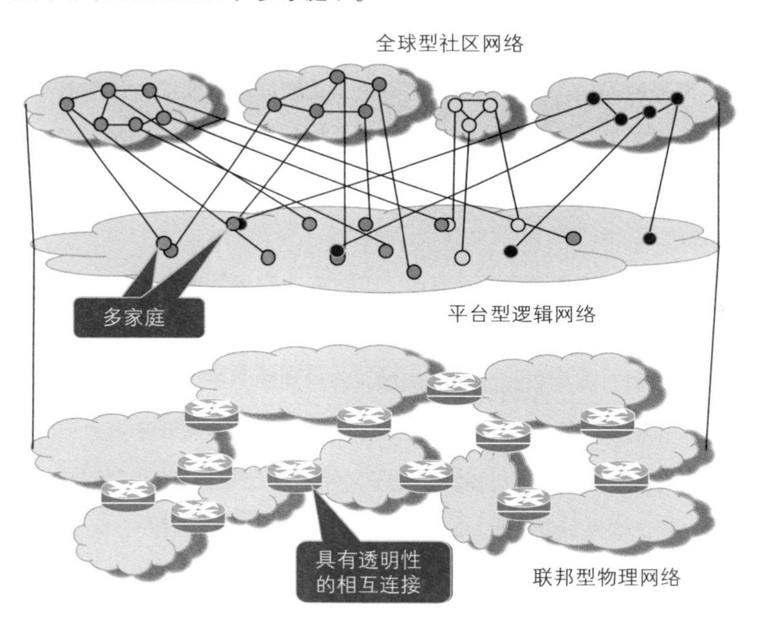

图1-2　三种类型的网络

8 加密的目的何在?

不受活动的约束

所谓互联网上的加密，是指信息的送信者不让其指定的伙伴以外的人读取信息内容的技术。加密时为了保护内容不被第三者获取，要用到高难度的数学，必须进行大量的计算。也就是，要消耗中央处理单元（CPU）[①]的处理能力。另外，与不进行加密的工作比较，需要进行额外的操作。因此，可能会有人嫌加密麻烦降低工作效率而不想加密。但在另一方面，公司的信息安全部门监督严格，如果不进行加密将要受到惩罚，所以不得不执行——似乎这样的处于两难的情况有很多。

这样的加密将会导致“忍耐、低效率、积极性下降”的结果。但是，也可不以消极的心态，而以“无忧无虑、高效率、增加积极性”这种积极的心态去实践加密。例如，通过加密，可以使通信和文件的内容不被他人读取，那么会有什么样令人高兴的事呢？其中的一个回答是，在诸如收件人地址出错、电子文件丢失此类事件发生的时候，因为可以保证信息不会被他人读取，用户会减少担心并可以安心地工作。

在没有进行加密的场合，和外部通信或者把电子文档带到公司以外的地方的时候，因为受到要独自规避风险的制约，所以活动会变得束手束脚。但是，如果进行加密，妨碍活动的因素被除去，人们就能专心于工作得到更高的生产效率。另外在公司之外即便进行与平常不同的操作也不会发生问题，如果这能带来更好的结果，也许会促进业务的改善和创新。与常规不同的做法将有产生新的活动局面的可能性。

---

① 中央处理单元（CPU）：Central Processing Unit，在计算机中为了进行中心计算处理而搭载的由庞大数量的电子回路所构成的最重要的部件。

保护通信的隐匿性

从另外的观点来说，作为加密的优点，要提到“通信的隐匿性”的保护。因为有了通信的隐匿性才会有举报的机会，它对于基于民主主义的健全的治安维持是重要的。另外，它也是由宪法所保证的“言论自由”的构成要素。

加密的内容，不会让发送者不希望的人读取。在与端到端的思维方式匹配的意义上，必须由在终端的用户解读。当然，因为加密需要巨大的计算和麻烦的操作，把它委托给其他人的设备时只能由当事人判断。作为通常认为的基本原则，可以在终端用户间自主地进行加密。

9 互联网的未来会如何?

地球上唯一的“互联网”

20世纪的互联网连接着地球上存在的世界各地的人，并以提供自由的交流环境为目的。作为一个形容这个方向的词，有“IP（Internet Protocol）for Everyone”，即“IP是为所有的人”。先进国家的互联网普及率已经非常高了，但是在有些新兴国家和发展中国家，互联网普及率仍然处于较低的状态。因此，可以说“IP for Everyone”甚至到现在仍在继续作为目标。

与此对应，作为21世纪的互联网的方向“IP for Everything”或者“IoT”（Internet of Things）已经被广泛地意识到了（图1-3）。它是从“为了人的互联网”向“为了物的互联网”的展开。这是一个相互融合的趋势，在这个趋势下，互联网跳出网络空间，与存在于真实空间的物体连接并相互作用，进而融合在一起。通过连接所有的物体，仍然以为人服务为目标是不言而喻的。

此外，未来并没有停留在为人服务，正在形成对地球服务的想法，即要实现“智能化”（舒适、高功能、高效率的状况），要让人类的持续繁荣成为可能。表示它的词是智能家居、智能建筑、智慧城市、智能行星等。因为人类能够利用的资源有限，所以必须创造出有效地利用资源的智能生态系统。将这些系统自主、分散地从局部到全球地展开，可以说是“21世纪的命题”①。而且在其实现上，IP for Everything或者Internet of Things（IoT）必不可缺。

21世纪的互联网将至今为止独立操作的个别网络相互连接，经过整合形成“网络的网络”。换句话说，它将成为地球上唯一的“互联网”。过去没有和互联网连接的社会和产业基础设施成为新的加入者，这必将把安全性也引入到系统的设计中来。

---

① 21世纪的命题：参照贾里德·戴蒙德《文明崩溃：分开灭亡和存续的命运的分水岭》（*Collapse: How Societies Choose to Fail or Succeed*）（草思社，2005年）。

图1-3　从IP for Everyone 向IoT或IP for Everything发展

互联网系统和内容的未来

至今为止的互联网有两个类型的系统各自实现了发展，并一直交替地掌握着霸权。由进行服务提供的公司和利用其服务的用户构成的系统是“客户端-服务器型”（CS：Client-Server），而用户自身既是服务的提供者又是利用者的是“对等型”（P2P：Peer-to-Peer）。

这部分内容将在第3章详细讲述，现在的系统是由高性能的移动终端和集合了大量服务器的数据中心所构成的客户端-服务器系统。但是，因为IoT的发展，比如高速行驶的轿车，必须在尽可能短的时间内对它实行管理和控制等，诸如此类现象让我们可以认为霸权将再次回归到对等型系统。在那个时候，并不意味着现在以数据中心为核心的客户端-服务器型的基础设施的服务将消失，而是在继续利用它的同时，对等型系统将发挥作用。

此外，如将在第2章讨论的那样，取代具有庞大信息量的称为“丰富内容”的高清晰度内容以及最大限度地利用计算机图像技术的“目标指向内容”已经登场。这个动向已经发生在电影和游戏产业。

从现在开始，数字化在传送信息的系统和作为信息本身的内容两个方面都将进一步发展。它将产生和传统不同层面的内容业务，并将持续在新的使用方法的平台上开展下去。

10 互联网和互联网架构的差异在哪？

最后，让我区别一下由交换机和路由器等形成的作为物理网络的“互联网”和具有互联网系统的逻辑构造意义上的“互联网架构”。在此基础上，我也想触及一下在本书提起的“融入互联网基因的设计”。

互联网

所谓“互联网”，是指具有TCP/IP协议的技术规格的通信功能的计算机，利用数字通信线路相互连接的计算机网络。它不仅由进行IP数据包传送服务的路由器构成，还由提供各种各样功能的用户（端边）的计算机构成。此外，根据端到端的想法，大量用户的计算机组建自主的网络，在有透明度的条件下相互连接，由此形成在全球唯一的网络。因为它是“全球唯一”的互联网，所以用英语就写成The Internet，使用The这个定冠词，而且在Internet这个单词上使用首字母大写。

因为互联网是“网络的网络”，也许被认为是“联邦型”的，但实际上在有些方面远远超出这个范围。例如，如果是由国家和企业所建立的自主网络（即联邦型），可以想象超过这些边界形成网络应该是很难的。如果作为国家和企业一员的用户的计算机，和外部的任意用户的计算机构成网络，就会立刻置身于信息泄露和受到外部攻击的险境。于是为了防卫必须要管理和外部网路的连接，甚至要否定跨越边界的网络的存在。然后，为了避免这种情况，就不得不建立一个跨越各种各样边界的共享的“平台型”的网络。

以这种方式，作为全球唯一网络的The Internet，只要它是基于端到端的思维方式，就应该努力去构筑无须意识国家和企业边界、自由且具有透明度的系统。可以说正是在这样的环境下，才能实现持续的创新。

互联网架构

那么，所谓的“互联网架构”究竟是什么？互联网架构是基于The Internet的本质特性，包括从设计到构筑然后到运营的系统框架。在此所说的“本质特性”和在本章第1节列举的“互联网应该保持的特性”有一致性（以下是重复）：

（1）全球性（Global）；

（2）透明性（Transparent）；

（3）多样的文化（Multi-Culture）；

（4）自由和匿名性（Liberty and Anonymity）；

（5）不公平但公正（Fairness，not equity）；

（6）共享（Commons）；

（7）机会的提供（Opportunity）。

基于上述认识，那么在今后发展The Internet的时候，在构筑和它衔接出现的社会及产业基础设施方面，至少可以看到什么是必需的。换个说法，它对于怎样建立把“设置在真实空间的系统”和“从网络空间管理控制的系统”相互连接并使其持续发展的基础设施这一问题提供了一个启示。正是这个问题关系到本书的主题，即“融入互联网基因的设计”。

假如把和The Internet相连的社会和产业基础设施作为一个“城市或企业”，我们来尝试探讨一下它和有各种各样器官的“人”的比较（图1-4）。人是由大脑（脑+头盖骨）、神经、各器官所构成的。根据融入互联网基因的设计的想法，和The Internet融合的城市或企业的基础设施，是由服务器+数据中心、互联网、各设备所构成。人的大脑只有一个，但是城市或企业却可建立多个数据中心，且每个都是自主、分散并且协调运作的系统，非常近似于很多人进行协调活动形成的社会和企业。我们使用互联网（人的神经）管理控制构造体（人的骨）和感知器（人的感觉器官）以及驱动器（人的筋肉）。这就是所说的IoT（Internet of Things）或者 IP for Everything的实现。

人		城市或企业	
大脑（脑＋头盖骨）		服务器＋数据中心	
	脑		服务器（云计算）
	头盖骨		数据中心
神经		互联网	
各器官		各设备	
	骨		构造体
	感觉器官		感知器
	筋肉		驱动器

图1-4　“人”和“城市或企业”的比较

基于融入互联网基因的设计，作为社会和产业基础设施的互联网（人的神经）将不是封闭在各自领域的系统，而是以相互连接所有的社会和产业领域的神经系统的网络为目标。这与开放数据的想法[①]一致。通过开放所有数据并共享的方式，建立跨越不同社会和产业领域的“全球”的网络。

在此必须要实现作为The Internet的本质特性之一的“透明性”。此外，The Internet 及社会和产业基础设施应该是具有如下特性的系统，诸如具有为了发挥灵活应对环境能力的“自由和匿名性”和“机会的提供”等特性。基于这些观点，我将在第5章以具体案例介绍适用于社会和产业基础设施的互联网架构的框架。

顺便说一下，如果加以补充，在当今的The Internet、IoT或者 IP for Everything急速发展的同时，在数据中心收容的服务器的性能也在提高，并正在实现具有人类智力、能力以上的数据处理。实际上，仅就多数服务器构成的系统能够处理的数据的量来说，已经超越了人类的能力。另外，处理大量数据的“大数据处理”和由此从海量数据中提取知识、自动生成未知算法的“深度学习（深层学习）”以及一直模仿人类大脑机制的人工智能等，都正在深入踏进至今为止在人的大脑里可以进行但计算机不可以进入的领域。

因为这些都将给社会带来巨大影响，故在运用时必须慎重。然

① 开放数据的想法：对于有著作权和专利权等知识财产权限制的数据以及没有限制的数据，通过可以让全部的个人和组织利用，实现对各种各样发现和创造的促进。开放数据的对象，不仅包括政府和自治体所具有的数据，也包括个人和企业的数据。

而，这些讨论中最重要的是，人类始终处于中心这一点。不管怎样，计算机网络和人工创造物必须是增强人类的能力、支持人类活动的东西。通常认为要把“艾萨克·阿西莫夫的机器人三原则”[①]运用到和The Internet有关的系统之中。

① 机器人三原则：在科幻作家艾萨克·阿西莫夫的小说中提到的作为机器人应该遵循的原则。第一条：机器人不能对人类施加危害；第二条：机器人必须服从人类给予的命令；第三条：机器人在不违反第一条及第二条的情况下，必须保护自己。

第 2 章

理解数字技术的本质

1 数字化的意义

广义的“数字化”

所谓“数字化”，意味着什么？在一般情况下，是指将图像、文字、音乐，甚至货币等各种各样的信息用计算机能够处理的信号进行存储和传送。换句话说，数字化是“将信息用离散量表示的方法”（顺便说明，和数字化相对的“模拟化”，是“将信息用连续量表示的方法”）。

然而，本书尝试更广义地理解数字化，即“将信息抽象化，作为对象定义，并相互共享的方法”。也就是说，是取出信息的本质要素作为操作对象设定表示和解释的方法，是发送方和接收方共同了解的方法。

在此立场之上，许多物理上不存在的东西成为数字化的对象。例如“语言”体系。让我们尝试考虑一下用法语对话的情况。为了能够对话，在两个人之间，法语的单词、语法还有发音必须要有相同的定义，必须彼此共享。这就相当于数字化。

在这个意义上，直到现在人类已经经历了如下的数字化革命：

（1）语言的发明；

（2）文字的发明；

（3）数字采样（采样定理）[1]的发明；

（4）数字传输的发明。

语言的发明，可以说是人类最初进行的数字化。不仅是物，也包含情绪和行为等，表示某对象的标识符（名字）被共同地决定了。与此同时，描述状态和关系的规则也在人与人之间传播。在那以前不能区分的对象大家都能够明确地区分了。

接下来，文字被创造了。靠听觉接收的语言可以用靠视觉识别的二维记号所记录。如此一来，在声音消失的情况下，语言仍然可以被记录在某种媒体上。由于这个数字化的帮助，某些对象可以跨越时间和地点共享。

在语言和文字之后，数字采样被发明了。它把关于声音和符号的模拟信号通过数字信号记录，能够正确而且没有质量劣化地还原。可以说，"信息抽象化"这个广义的数字化被进一步地推进了。

现在，数字传输被发明，各种通信媒体能够把数字信号传递到很远的地方。通过在现场记录以及还原数字信号，使任意场所的即时传输成为可能，形成了让更多的人能够共享的状态。

在广义的数字化方面，更要关注最后提到的数字传输。为此，下面对模拟传输和数字传输的方式作个比较。

---

① 数字采样（采样定理）：Sampling Theorem，当模拟信号变换为数字信号时，用什么程度的间隔采样才能使数字信号精确地向模拟信号还原的量化的定理。如果用模拟信号所具有的最大频率的二倍速进行数字化，就能够精确地还原原始的模拟信号。

传输语言

在图2-1显示了“语言的模拟传输”的状态。在这种情况下，“脑神经的兴奋状态（意图和思考等）”被映射（模拟→数字）成“语言（想传达的信息）”。可以认为它又被映射（数字→模拟）成“声音”。

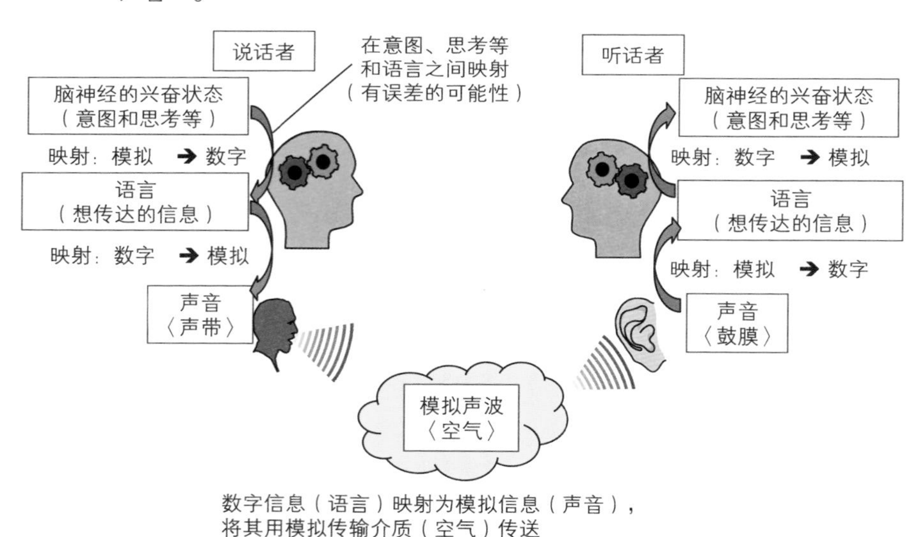

图2-1　语言的模拟传输

首先脑神经的兴奋状态（意图和思考等）本身不能被多人共享，抽象化的语言成为人们沟通能够共同参照的坐标系。在此重要的一点是，人与人之间对语言的定义要被充分地共享。否则，交流不成立。例如，用日语和法语这两种单词和语法定义皆不同的语言相互交谈就不成立。其次，脑神经的兴奋状态要能被准确地映射到语言。即使是同样的语言，如果映射过程不准确会产生误解。例如，会有这样的例子，女人说“今夜很开心”（其实不是真正的开心），她说的是社交辞令，但是听到这句话的男人按照传统对语言的解释会真的理解为“开心了”。

数字化的信息通常具有三个特点，它们是“无差错的传输、存储、复制”“自主的错误校正”“对媒体的非依赖性”。在图2-1中，这些特点可以说明如下：

（1）无差错的传输、存储和复制。

作为数字信息的语言即使反复进行传输、存储和复制，其质量不会降低。与此相反，声音是模拟化的信息，如果被传输和复制，S/N比（信噪比）就会变差。而语言本身并没有S/N比的劣化，能够多次进行传输、存储和复制。

（2）自主的错误校正。

即使模拟的声音质量不佳，人们仍然可以从传输来的声音自动提取出作为数字信息的语言来辨识，根据自身的语言字典自主地再现信息。作为数字信息的语言通过模拟声音这个媒体被传输时，因为S/N比劣化等原因，即使在模拟的媒体上发生错误，仍然可以纠错并再利用。

（3）对媒体的非依赖性。

数字信息的语言被传送时，并不依存于作为媒体的声音的高度、速度等（换言之，不挑剔讲话的人）。根据情况，还可以使用扬声器和麦克风。此外由于文字的发明，信息通过用墙、纸、磁作为存储设备的媒体也能够传送。在这种方式下，数字信息的传送、存储和复制，是不依存于媒体的。但是，当这个媒体的质量不好，超出媒体的“自主的错误校正”的能力时，传送、存储和复制将不成立。这类似于在安静的课堂能够清楚地听到教师的话，但是在噪音大的社交聚会就听不见对方的话[①]。

让歌词和乐谱搭乘歌声传输

图2-2到图2-5，表示了歌词和音乐的传输方式的演化。为了传送数字信息（歌词+乐谱），让我们去看一下将模拟信息（歌声）作为媒体的情况。如图2-2所示，在此通过歌手“歌词+乐谱”变换（数字→模拟）为“歌声”的同时，歌手用声带发出“模拟音波”，它通过空气传播到听者耳朵的鼓膜。在最后的过程，听众可以从“歌声”再生（模拟→数字）出“歌词+乐谱”。

在这个过程中，作为数字信息的歌词和乐谱，使用模拟信息的歌声这个媒体，将歌词和乐谱从歌手传送给听众。构成该通信路径的传输媒体是声带、空气、鼓膜。然而，如果这些传输媒体的状态不良或者传播距离长，就会造成S/N比劣化，到达听众的模拟信息质量降低。虽然如此，最终到达脑神经的信息在从歌声到歌词+乐谱的过程中，听众能够进行“自主的错误校正”。

---

① 听不见对方的话：碍于噪音听不到话的情况下，可以应用以下的方法：（1）降低噪音的强度（让周围安静）；（2）提高耳朵的指向性（使用手改善声音的收集效率）；（3）增加信号的强度（大声说话或贴近讲话的人等）；（4）使用其他的媒体（如备忘录等）。

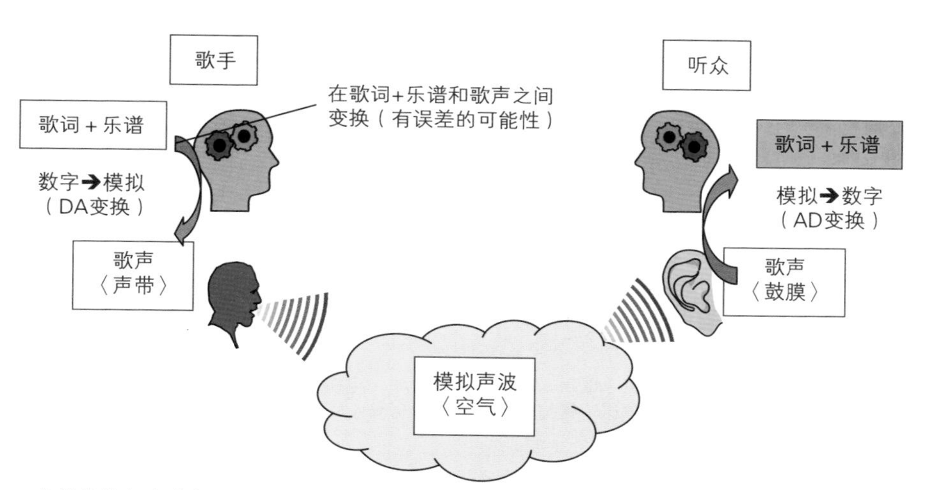

图2-2　歌词+乐谱使用“模拟声波”的模拟传送

但是，如果以空气作为传输媒介，距离过长S/N比就会极端劣化，结果就是歌词和乐谱的再生无法实现。为了防止这种情况，如图2-3所示，使用模拟的“电子歌声”的传输被发明了。这就是导入扬声器和麦克风的方法。“歌声”这个模拟信息被变换（模拟→模拟）为“电子歌声”，以“模拟电力波”的方式被传输。这意味着作为传输媒介的空气被高性能的电缆所替代。

图2-4是将电子歌声的传输用数字取代模拟的形式。如果使用电缆作为传输媒介，对于模拟的电子歌声也有品质劣化的可能，如果把数字网络作为传输媒介，数字化的电子歌声在送信端和接收端质量完全相同的传输是可能的。换句话说，通过数字传输能实现质量的保证。

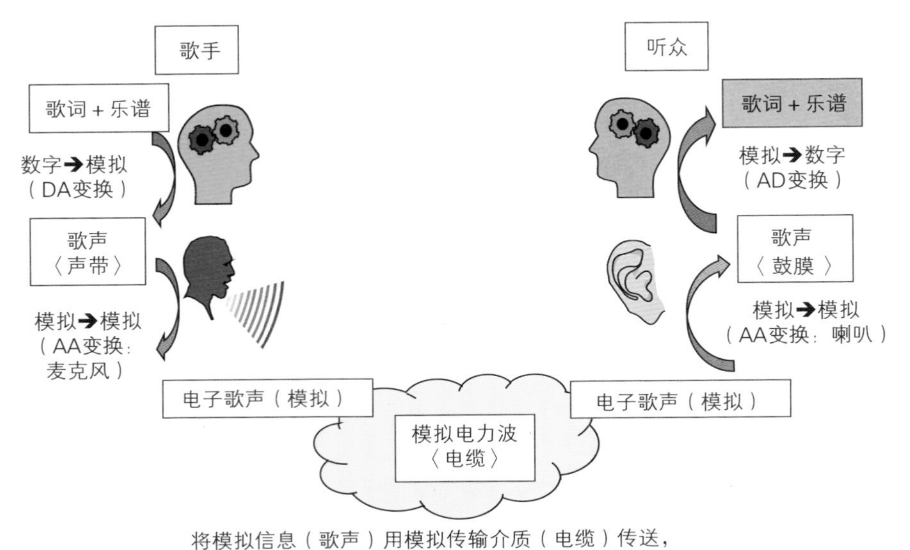

图2-3　歌词+乐谱使用“模拟电力波”的模拟传送

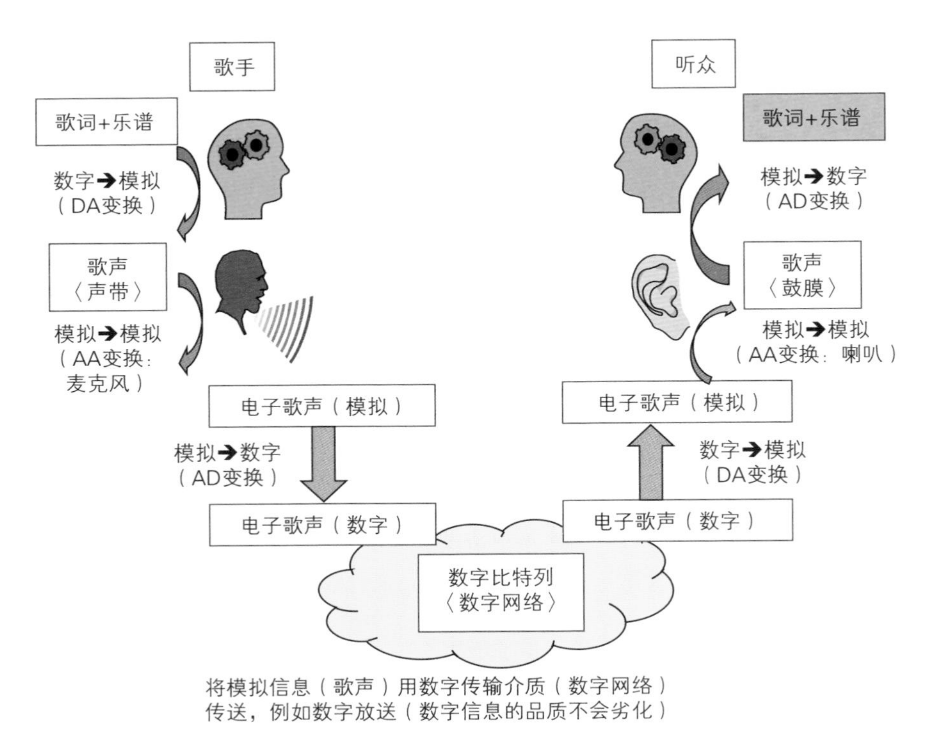

图2-4　歌词+乐谱使用“数字网络”的数字传送

最后，在图2-5显示了使用MIDI（Music Instrument Digital Interface）的歌词和乐谱的传输。在歌手侧不进行把数字信息的歌词+乐谱变换为模拟的流程，直接传输数字信息，在听众侧使用电子音合成器等生成模拟的声音。其中，模拟传输仅局限在听众侧声音的再生。

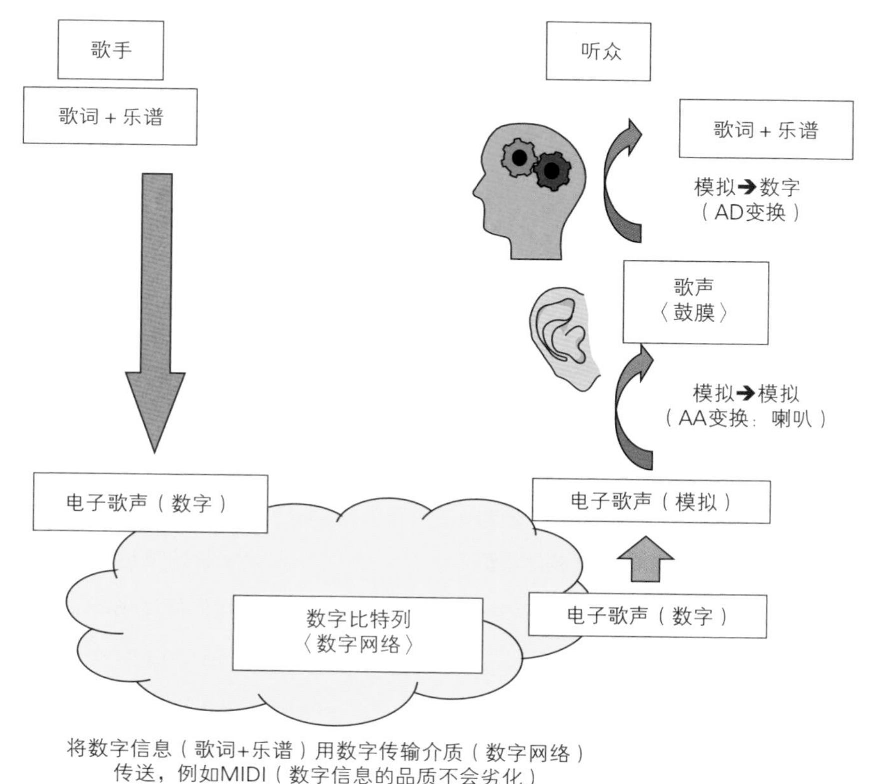

图2-5　MIDI上歌词+乐谱使用“数字网络”的数字传送

顺便说一下，图2-5的系统对应于手机的“铃音”，图2-4相当于“下载音乐”。在图2-5的系统中，可以自由地选择音调和节奏，或者乐器以及歌手。作为类似的技术，通过输入旋律音符和歌词能合成指定人物（实际存在的人物或者在计算机上制作的人物）的歌声的VOCALOID（2003年雅马哈公司商品）就是一例。而且以Crypton Future Media公司在2007年使用VOCALOID发布的“初音未来”为例，让系统制作的人物用自己喜欢的歌词和旋律唱歌，令很多用户着迷。

由于数字传输的惊人的成本降低

在此，以图2-4的使用扬声器和麦克风的数字传输和图2-5的使用MIDI的数字传输为例，尝试比较一下信息传输的效率。

首先考虑通过MIDI传送“So”音阶的“啊”这个数字声音。假设用8比特表示声音的音阶，因为日语可以用两个字节（16比特）表示，所以在MIDI中“So”音阶的“啊”这个声音，将是24比特（8比特+16比特）。

与此对比，通过扬声器和麦克风的“So”音阶的“啊”这个模拟的声音如果使用数字化传输会如何？为了使用数字移动电话传输声音，所需要的带宽设定为4Kbps（千比特每秒），我们尝试来计算一下。如果“啊”这个声音的长度为0.1秒，使用4Kbps×0.1秒=400比特来表现它（在通常的有线的电话中，是64Kbps×0.1秒=6400比特）。也就是说，传输同样的信息，使用MIDI的数字传输，比起使用扬声器和麦克风的数字传输，前者所用比特数为后者的6%。

同样，如果尝试比较电子邮件和通话的场合，我们会知道电子邮件（用数字表现文字的传输）能够使用比语音通话少得多的比特数，来传送相同的信息。假如我们要传送的是“早晨好”，因为日语使用两个字节（16比特）表示一个文字，所以“早晨好”（译者注：日语是十个文字）的电子邮件的总比特数是16比特×10=160比特。在另一方面，用声音说“早晨好”需要2秒，如果声音通话使用4Kbps的带宽，为了传输“早晨好”需要8000比特。电子邮件使用的比特数是声音的2%。

2004年，当NTTDoKoMo开始推出基于数据包通信方式（VoIP：Voice over IP）的包月电话服务时，以年轻一代为主，从声音通话切换到以电子邮件和SMS沟通的人急速地增加了。这可以理解为不把用户要想传输的数字信息（语言）变换为声音这种模拟信息，而是以输入文字的方式将数字信息原封不动地送出。使用手输入文字，比使用嘴发声要花费时间，但因为是包月服务，不必考虑花费，只要喜欢就可以利用。如图2-6所示，可以解释如下，为了传输语言，在口和耳之间用的是“声音”这种模拟信息，在同样的地方，在手和眼之间用的

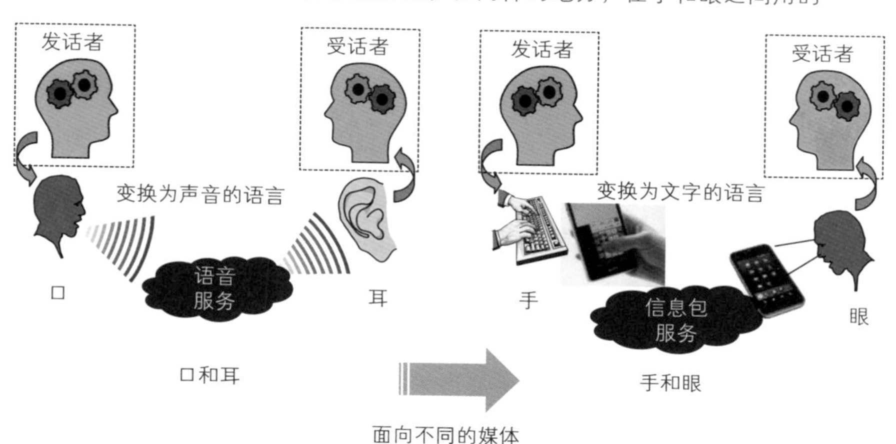

图2-6 从口到耳向从手到眼

是“文字”这种数字信息。这就是将同样的语言信息由不同的媒体进行传输。

2 互联网的数据包通信机制

计算机的三种连接方法

关于计算机相互连接的方法有如下三种。组合这些方法，基本上可以构成各种各样的信息系统。

方式1：永久固定的线路；

方式2：必要时准备线路；

方式3：使用网络传送数据包。

在互联网中，使用方式1和方式2连接彼此的计算机，使用方式3进行服务把作为数字信息包的IP数据包送到目的地计算机。三种方式相比，在一般情况下，按照方式3→方式2→方式1的顺序，系统的资源利用率依次降低。与此相反，按照方式1→方式2→方式3的顺序，数据传输时发生错误的概率依次增加。

如在第1章所述，在互联网上有路由控制，它根据网络的状况，利用技术为IP数据包找到最佳的传输路径。因此，在发生灾害的时候，使用方式3发生错误的概率有时会低于方式1和2。让我们详细地看一下这三种方式。

永久固定的线路——广播

关于方式1的典型的大规模网络，通常会想到广播（图2-7）。在广播中，数据被传送到全部的接收设备（如电视、收音机）中，在接收端通过频道选择需要的数据。虽然数据被送到了所有可能接收的设备中，但是对于接收或者屏弊，是由接收设备自主地选择。在某种意义上，可以说是和SPAM邮件（垃圾邮件）同样的系统。SPAM邮件被随机地传递到很多的计算机中，但是由计算机端决定是接收或拒收。

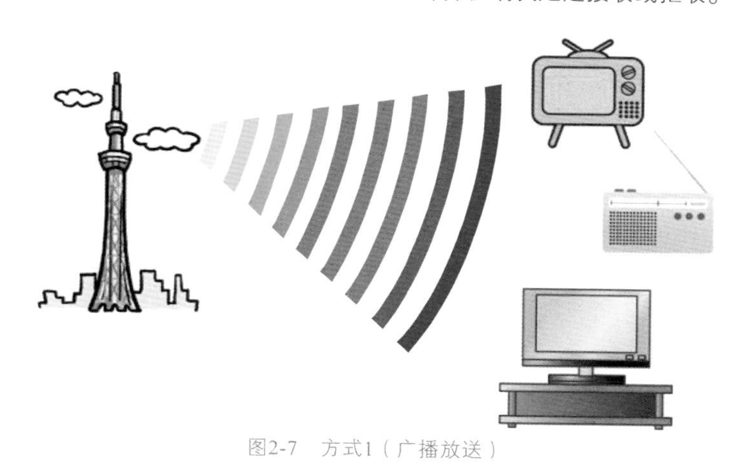

图2-7　方式1（广播放送）

必要时准备线路——电话

作为方式2的大型网络可以举电话为例（图2-8）。这称为电路交换。在电话网实际通信之前，使用信令，可以按照程序确保能够暂时使用一段时间的专用线路。这个“能够专门使用的线路”，实现了以前由电话交换员使用物理方法改变专用线路连接的方式。

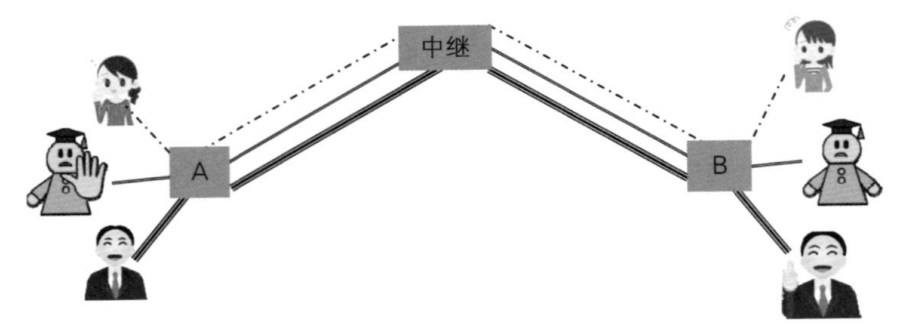

图2-8 方式2（电话的电路交换）

在此之后，由于数字通信的导入，推广了按照一定周期使用时间槽（一个数字信号所占有的时间间隔）的时分复用方式（TDM：Time Division Multiplexing）。此外目前也正在使用方式3的把数据分成小的数据包的送信方式。无论哪种场合，一旦专用线路被确立，就能在电话机之间提供具有透明性（Transparent）的高质量的通信。相反如果不能确保专用线路，就完全不能通信。

使用网络传送数据包——互联网

使用方式3的数据包通信方式的大规模网络是互联网（图2-9）。在互联网中，仅考查能否将数字数据包（IP数据包）送到目的地，如在第1章所述，在此采用的方法是尽力而为。

与方式1和方式2比较，通常认为方式3的数据传输质量会下降。然而，由于小包（IP数据包）是数字信息，具有对于使用何种媒体没有限制的“媒体非依存性”的特点，当系统发生了故障的时候，反而比其他方式质量高。

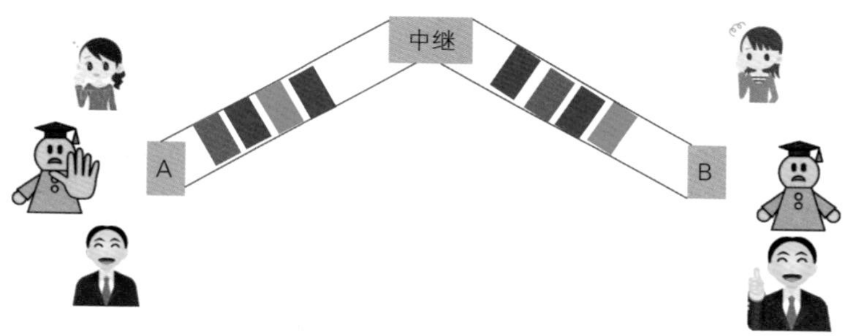

图2-9　方式3（互联网）

对于系统的故障（计算机和路由器的故障），方式3之所以具有优秀的承受能力，是因为在系统的设计上避免了对决定性的资源进行共享（Fate Share，Single Point of Failure）。所谓决定性的资源共享，指的是虽然有多个资源，但当其中的一个不能使用时，不存在代替物，从而使系统运行失效。在方式1和2中，因为通信的路径被固定，所以一旦在路径上的某个资源发生故障，整个系统就完全不能运行。

在另一方面，方式3具备选择最佳通信路径的功能，作为一个结果，即使在路径上发生障碍，还可以自主地选择代替路径，从而使通信本身能够继续。

3 数字化的益处

沙漏形式的互联网

数字化可以说是“信息的抽象化”。让我们尝试去探讨它的具体含义。请看图2-10，这一串数字是什么？它也许是“电子邮件的文字”“图像文件数据的一部分”或者“视频文件数据的一部分”。虽说如此，答案是“纯粹的数字列”肯定没错。在此关键的一点是，有各种各样含义的信息被置换成单纯的数字。而且用数字的形式表示的内容完全不用被区分，能够用同样的方式处理。这就是称为数字化的“信息的抽象化”。

389487847375976
387473847383763
792487579337839
393357387592339

图2-10　数字的序列

另一方面，1936年“邱奇-图灵论题”[①]被公式化了。因此，证明了“人类能够执行的算法，都可以用图灵机[②]执行”。而且，在此所说的图灵机，能够用计算机的程序来实现。因此可以说人类能够实行

① 邱奇-图灵论题：由美国普林斯顿大学的阿隆佐·邱奇和艾伦·图灵提出的论题。

② 图灵机：把计算机作为数学模型的假想机器。一边读取写在无限长的磁带上的记号，一边自动地持续不断地执行程序，实现状态的迁移。

的算法，全部可以数字化[①]。

从这两个观点来说，所有的信息和算法都能数字化地表现。如果适应于互联网，可以向IP数据包这个数字信息的小包塞进所有内容，用各种各样的方法进行利用。另外，因为IP数据包的信息是数字化的信息，关于用什么样的媒体处理它，完全没有限制。也就是说具备对媒体的非依赖性。由于这个特点，能够实行对于媒体的选择。

这样在互联网中，构成了使用IP数据包、在IP数据包中收纳任意的内容和方法、能够被任意媒体处理的系统。恰如其分地表示这个状态的是互联网的“沙漏模式”（或者“葡萄酒杯模式”）（图2-11）。互联网的构造，能够比喻成有纤细腰身的形状。在正中间的狭窄部分相当于TCP/IP的技术，其将在上部的应用服务（内容和方法）和在下部的数据通信的媒体相互结合。上部的应用服务通过共同的TCP/IP可以利用下部的数据通信的媒体，应用服务中利用数据通信的媒体，能够相互地进行数据的交换和共享。

由这个数字的序列形成的IP数据包，是20世纪产业上的大革命，具有和货物输送的“集装箱与托盘”同样的特点。集装箱能够装载任何货物，托盘可以自由地选择使集装箱移动的交通工具（如火车、船、车辆等）。与此类似，IP数据包处理任何信息（货物），具有不依赖于媒体（交通工具）的性质。通过这些特点，人类获得了能够处理几乎所有信息的通用的流通基础设施。

---

① 参照高岗詠子《图灵的计算理论入门》（讲谈社，2014年）。

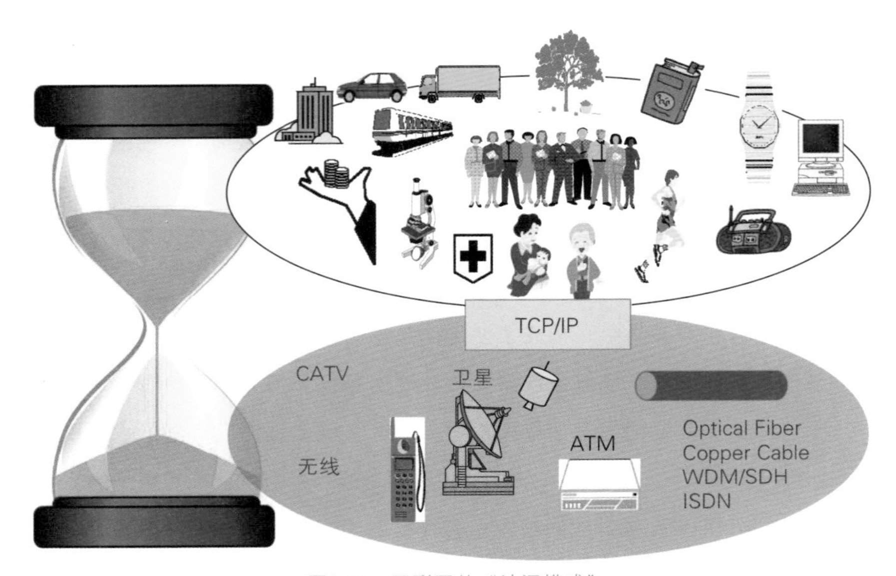

图2-11　互联网的“沙漏模式”

有仓库作用的缓冲存储器

由数字序列形成的IP数据包可以保存在媒介上。随着以半导体为代表的电子技术的发展，媒介能够存储的IP数据包的量（数字序列的量）爆发性地增加了。由于这个原因，在互联网上当邻接路由器忙碌的时候，需要将IP数据包暂时存储再等待传送。

将存储IP数据包的行为称为“存入缓冲存储器”，将存储的地方称为“缓冲存储器”。通过这个存在于互联网上的缓冲存储器，IP数据包的流通变得很灵活。此外，缓冲存储器的容量，随着技术的进步在持续地增大。其实缓冲存储器就相当于仓库，它越大越能更好地应对流通量的变动。

此外，因为产生了存储IP数据包的地方，进行整个系统同步（协调信号和处理的时机）的必要性就很快弱化了。也就是说，在两台计算机之间，如果有一个“台子”（缓冲存储器），那么某台计算机就能暂且把IP数据包放置台子上，应该交给的计算机也能在自己喜欢的时间接收。这样一来，在相互连接的计算机之间，不再需要维持各自内部时钟的同步。如果不存在缓冲存储器，而且相互连接的计算机的内部时钟不在同一速度下动作，那么当它要传递出一个IP数据包的时候，如果邻接的计算机不伸出手来接，该IP数据包就会被丢弃。

在另一方面，老一代的电路交换方式的电话交换机系统，因为不存在缓冲存储器，全部的电话交换机的工作时钟必须同步。即当邻接交换机递过来数据的时候，它必须伸手去接收。出于这个原因，日本的东京和大阪曾经设置了标准参考时钟，日本国内的所有电话交换机都以同步的方式工作。实现同步会涉及相当大的麻烦。互联网缓冲存储器的导入，为去掉这个麻烦做出了贡献。

顺便说一句，在与处理商品类似的一般流通领域，仓库容量和库存量都关系到成本。为了实现最佳化，二者都不要过量是必要的。例如，在使用ICT技术的流通领域，实时地把握供需情况，一边预测一边进行供给量的调整，尽可能地进行生产和流通的效率化。

如果是完全不存在仓库和库存功能的系统，需求侧和供给侧如果不在同一时间交接商品，流通就不成立。如果没有库存，仓库存在的必要也就没有了，这尽管可以削减部分成本，但是对于商品的订购和制造原材料的供应就不能很好地适应。因此，适应外部环境变化的能力通常会降低。另一方面，对于存在仓库和库存功能的系统，尽管仓库越大成本越大，但能够避免供给量和需求量的不一致。供给侧用自己的节奏生产，需求侧可以进行更自由的消费，使经济活动更有活力。

正如第1章第4节提到的那样，在互联网的要素中，为了灵活地应对情况的变化“不追求最优化”是不可缺少的。即使在商品的流通系统，通过“不追求最优化”（不限制仓库的容量和库存量到最小）的方式，可以提高系统在外部环境变化中生存的可能性。

石油和天然气的配送系统

由于互联网是延伸到全球的自主、分散系统，为了确保它的广泛适用性，必须尽可能顺利地进行信息的传递。在这种情况下，缓冲存储器的导入使得在计算机之间不再需要同步，这具有很大的意义。关于缓冲存储器在此的作用，让我们尝试考虑一下能源流通系统的情况。

首先从石油和天然气说起。通常石油和天然气从原产地用管道输送，但是并不是直接交付给消费者，而是暂时储存在罐中。在从产出地到消费者的输送过程中，存在可以存储石油和天然气的缓冲存储器。因此，在从产出地到消费者的过程中，没有必要一定取得同步。尽管缓冲存储器的容量因同步的精度而异，但是这样一来路径各部分的流量差就被吸收。因此，除了在输送过程中的损失，石油和天然气不会因被丢弃而浪费。顺便提及一下，在某个输送路径发生故障时，利用别的路径或者输送媒体也是可能的。这就是为何要确保输送路径有冗余度（富余状态）的道理。

通过这样的方式将信息存在缓冲存储器中，每个本地系统能够实现自主、分散的操作。另外，如果缓冲存储器的容量（石油和天然气的储备量）有富余，那么即使供需的控制时间常数[①]发生变化也能应对。如果控制时间常数非常大，例如即使要考虑到产出国的政治意外事件及冲突的影响，系统也能应对；但是，当控制时间常数较小时，就会容易发生应对不及时的事故。缓冲存储器容量的设计不仅关系到流通的成本问题，还将决定系统应对风险的能力。

电力的流通系统

以下对于电力的配电系统，尝试考虑一下缓冲存储器的作用。当电厂开始发电的时候，电力将通过配送网提供给消费者。发电站不是单独地存在，而是存在于几个地方，形成的是一个地理上分布的构造。

现在的电力配电系统大部分是交流输电，日本规定的频率，东日本是50赫兹，西日本是60赫兹。在这个传输中，配电系统内的全部装置的频率必须基本同步，原因在于使用的是交流系统。另外，在系统内不存在缓冲存储器。

---

① 控制时间常数：控制系统动作的时候，输入控制信号后系统立即向期望状态反应是很难的。表示系统反应快慢的指标就是控制时间常数。控制时间常数越小反应就越快。

这类似于将老一代的电话交换系统应用到电路交换。在电路交换中，因为在系统内部不存在缓冲存储器，日本国内的所有交换机有必要在速度上同步。电路交换是在终端用户之间提供专用通信管道的点对点类型，但是与此相对，电力配电系统的不同之处在于从发电站向多数的消费者配送电力时是多点类型。

在电力配电系统中因为没有缓冲存储器，在发电站和消费者之间供给量 > 需求量的关系必须自始至终地成立。然而，如果电力过剩，这部分电力就不能被利用，造成浪费。所以在发电站要进行对应于需求的供给的控制。此外，为了使电力的需求和供给尽可能地对等，不控制发电站方面的供给量，而控制消费者方面的需求量的“需求相应（Demand Response）控制”，这样的系统构筑现在正在被大力推进。在发电站供给量减少的情况下，为了避免大面积停电，在消费者方面进行相应的需求控制是不可或缺的。

顺便说一下，石油和天然气的流通系统面临长期产出地供给量的减少，消费者要通过控制需求总量来取得供求的平衡。然而，在短期内，因为输送路径上存在足够的缓冲存储器，从消费者方面控制需求是没有必要的。

今后，在电力配电系统内如果引入缓冲存储器，那么每个阶段控制电力量的难度将会降低。不过，考虑到缓冲存储器的引进成本，不得不期待在消费者（终端用户）方面继续进行需求控制。但是，有一个解决问题的方法，那就是在终端用户的家中，安装起到缓冲存储器作用的储电池。在各用户家中设置的缓冲存储器，以和电力配电不同的形式，把配给的能源（例如太阳光、小水电等）作为电力事先储存起来，当电力供给量不足时让储电池放电。

现在，作为电力能源的缓冲存储器，电动汽车成为一个强有力的候选。电动汽车和传统汽车的不同在于“能量移动的双向性”这个本质上。传统汽车可以从化石燃料生成电力，故能看成是设置在终端用户的缓冲存储器。实际上阪神大地震的时候，有汽车作为发电机向各种各样的设备提供了电力的事例。但是遗憾的是，这个电力分配是单向的，也就是从汽车到设备的方向。与此不同，电动汽车有储电和放电的两种功能，是具有双向性的缓冲存储器。作为结果，可以期待这将使消费者的需求控制更为容易。

此外，氢燃料电池汽车（FCV：Fuel Cell Vehicle）的出现，进一步刺激了需求控制的实现。因为氢燃料电池汽车具有把氢气转换成电力的功能，不仅是不使用化石燃料的环境友好型汽车，还能够比其他能源提供更强的电力能源输出。现在的氢燃料电池汽车，如果缓冲存储器是处于满槽的状态，给普通的住户提供两到三天的电力也是可能的。如果这在社会上普及，将在环境和能源两个方面都带来极大的冲击。

以这种方式，在石油和天然气及电力这些能源的流通系统中，如果能引入缓冲存储器功能，就能减缓对系统同步方面的制约，同时提高输送能源的效率。从而使每个本地系统的自主分布操作成为可能，系统的大规模化会更容易。通常认为在引入缓冲存储器的效果方面，有很大的潜力可以挖掘。

4 数字化的未来

围绕著作权的商业冲突

由于互联网基于端到端的设计思想，伴随着IT技术的发展，来源于终端用户的音乐和视频内容不断地被数字化，并在全球范围内共享。同时，使用这样新内容的方法被开发出来，其市场也被创造出来了。具体而言，为了让音乐和视频内容在互联网上易于流通的大量应用开始诞生，并且充分利用它们的商用播放器出现了。

在此之前，这些内容被固定在唱片、盒式磁带、CD或者DVD等的物理介质上。在处理这样的商品市场的背景下，一直以来拓展传统商业模式的音乐和视频产业因为互联网的出现受到很大的影响。而且，传统的音乐和视频服务，与在互联网上提供内容的服务之间，产生了很多冲突。在获得音乐和视频等内容的所有权和鉴赏渠道方面，面临的一个问题就是著作权的管理。

顺便说一句，作为保护文学和艺术作品等著作物的国际条款，在100多年前的1886年，伯尔尼公约就确立了。从那时起到现在，随着让信息流通的媒体技术的进步，关于著作权的观念也发生变化了。例如，当1999年音乐数据交换系统NAPSTAR[1]被公开时，它围绕著作权和全美唱片业协会发生了冲突。通过使用互联网的第一代对P2P

① NAPSTAR：访问有音乐内容的计算机，下载希望得到的内容并可以共享的系统。

技术，文件共享软件流行了，但是，因为流通的音乐数据大多是从市场出售的CD等非法复制而来，所以它被起诉禁止运营，并以败诉告终。可以说那是震撼传统版权管理机制的一个标志性事件。

另一方面，以全球规模展开的数字网络为前提，不仅仅是限制著作物的利用，还产生了要确立促进全新创造方法的趋势。基于这样的新观念，要提到“创作共享”（Creative Commons）[①]的活动。在以美国的宪政学者劳伦斯·莱辛（Lawrence Lessig）等为中心运营的项目中，数字化的著作物，都以促进实现合理的再利用为目标。如果要共享某信息，在有的场合，著作权法等相关知识产权法会成为障碍，这个运动的基本想法就在于避免此类法律问题。为此，著作权所有者在信息发布的时候，应使用标准模板为该信息提供可免费使用的许可，同时，当信息在网络上被公开的时候，根据该提案使用便于检索和机械处理的XML技术填写信息的元数据。

随着数字技术的进步，这样的动向似乎与用户能够制作高质量的内容有关系。不仅如此，用户共享在网络上的已存在的内容，通过将其收集生成新的内容，形成了创造的链式反应。内容被自由地利用是对至今为止的媒体常识的颠覆。其结果是，一般的普通用户自己或与伙伴们合作制作内容大行其道，这样就出现了“消费者生成媒体”（CGM：Consumer Generated Media）。

所谓最初版权，是独占地支配作为思想或感情的创意表达的作品

---

① 创作共享：参见劳伦斯·莱辛所著的《共享——网上的所有权强化抑制技术革新》，山形浩生翻译（翔泳社，2002年），林紘一郎编著的《著作权法和经济学》（劲草书房，2004年）。

的权利，是为了保护其作者的利益不被损害。但是同时，从另一个角度上，著作权也阻止了作品不被特定的个人或组织独占，可以使其在人们之间共享，利于促成新的创作。数字化和网络化，使作品流通加速的同时，也让其成本大大地降低了。现在的互联网，也正在朝着这个方向推进。在这种情况下，如果作品过大范围地被独占利用，或由于报酬要求限制了再利用，甚至导致新的创意萎缩，我认为那将违反版权的根本宗旨。

基于这样的观点，对于在网络上流通的内容，也许有必要形成新的治理机制。其关键是，第1章第6节所述的“网络的中立性”这个观念。对于全部的消费者，如下权利应该被保证：（1）自由地访问合法内容的权利；（2）自由地运行应用程序和利用服务的权利；（3）用不损害网络的合法的手段自由地连接的权利；（4）选择服务提供运行商的权利。

这些是缓解新内容和新服务展开时所面临困境的观念，为了保持互联网的运行，它们是不可或缺的。其中，保证（1）和（2）的权利，“消费者生成媒体”就能够实现。

内容业务的四个类型

广播和通信这两个系统，一直和内容市场关系很大。未来将会有什么样的前景？也许人们认为通过数字化两者将朝着融合的方向发展下去。在图2-12中，对于广播和通信的融合，表示了内容业务的四个方案。从包含内容的知识产权管理的特点，设定垂直和水平的两个轴。我们用这四个类型来整理究竟有什么样的战略和政策。

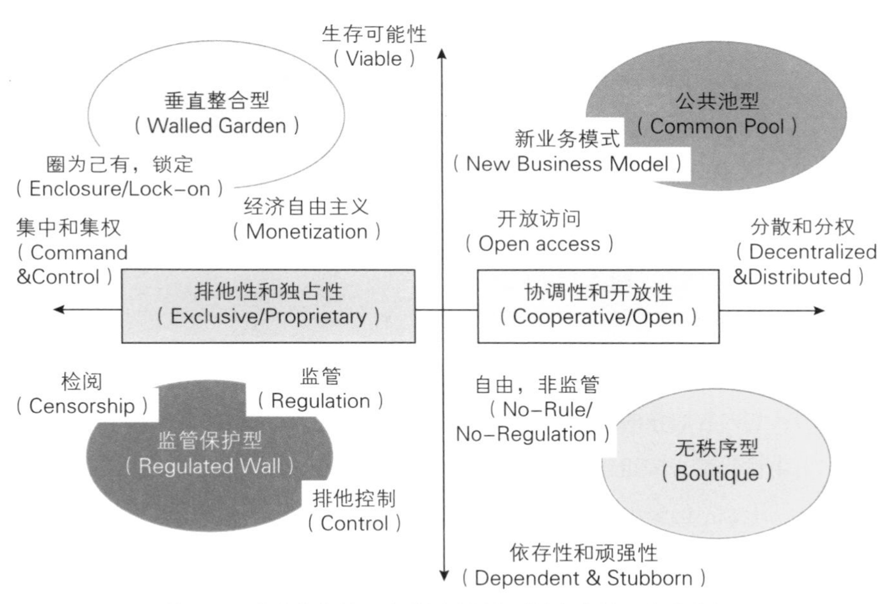

图2-12　内容业务的四个类型（网络系统行为的四个类式）

参照Internet Society，Internet Futures Scenarios，6 October 2009 http：//www.internetsociety.org/sites/default/files/pdf/report-internetfutures-20091006-en.pdf

首先，横轴是“分散和分权”（个人和组织以自主的方式自由地管理）和“集中和集权”（基于统一的规则和秩序的管理）的展开。沿着轴线，在技术和服务的运用上，通常认为各自遵循的方向不同，一方遵循的是“协调性和开放性”，另一方遵循的是“排他性和独占性”。另外在纵轴上，考虑的是新内容和业务模式的容忍能力。对于它们而言，当认为所利用的活动基础稳定，在这个意义上，遵循的方向是“依存性和顽强性”；当认为所利用的活动基础处于变化之中，在这个意义上，遵循的方向则是“生存可能性”。

而且，内容业务的类型始终伴随着新技术的普及，其将在由这两个轴所限定的四个领域间移动。这四个领域的名称分别是“监管保护型”“垂直整合型”“无秩序型”“公共池型”。

从监管保护型到无秩序型

在互联网出现以前的广播行业，尤其在日本，无线基础设施的运行商和内容制作的运行商基本上是同一家公司。广播用的频率在国际上由作为联合国组织的ITU-R（国际电信联盟无线通信部门）进行调整，在各个国家则由政府（在日本是总务省）负责分配。广播行业属于图2-12左下的监管保护型，是由国家进行管理的。

此外，在日本，地区频率的分配，属于都道府县级别的自治体的业务。就是所谓的地方广播。顺便说一句，和广播同级别的作为大众媒体的报纸，其业务领域的划分也以都道府县级别的自治体为单位，发行各自的地方报纸。这一结构建立于20世纪70年代的田中角荣首相的时代。而且因为广播电台、报纸和地方政府覆盖的地理范围几乎是同样的，在很多场合这三者之间有资本关系。此外，在广播和报纸领域，不仅在地方一级，即使在全国级别，内容的制作和分发也由同一个公司进行，其流通渠道是排他的[①]状态。

① 流通渠道是排他的：参照猪濑直树《欲望的媒体》（小学馆，2002年）。

但是，由于数字技术和互联网的出现，内容却能以较低的成本，跨过自治体的边界进行流通，甚至现在也能利用其他的传送媒体。1997年日本，佐贺日报在自己公司的网站开始了新闻数据的免费公开。参与了这个业务的前佐贺银行行长、董事长田中稔在谈话中是这样回顾的，他们的愿望就是“通过向在县外（海外是更大的目标）的佐贺县出身的人们，提供家乡的信息，让大家都精神振作起来，和家乡的人们有良好的沟通”。互联网没有国和自治体等的边界，使全球信息的流通成为可能，佐贺日报的数据公开似乎是洞见了其特征和效用的业务。

然而在美国，一直期望打造一个让内容制作和分发业务分离的环境。其想法的背景在于确保宪法保证的“言论自由”。因此，内容制作的公司在通常情况下，可以使用多个内容分发平台。另外，如果进行制作和分发业务的上下分离，能够更自由地促进自主内容的创造，能够建立制作公司之间的竞争关系。

现在，正在推进有线及无线（WiFi网和4G LTE网等）的信息通信网络的整合，基于互联网的通信和广播的融合正在急速和稳步地发展。除了前述的使用对等型技术的音乐和视频文件的共享，还有以Gyao、acTVila、hulu、Netflix，或者各放送公司的VoD（Video On Demand）服务等为代表的不受播放时间约束的视听节目，都正在日益普及。可以说，至今为止的广播和通信服务，个别已经建立起各种各样的网络来使用数字技术实现整合协调，从而向提供新服务的方向发展。用图2-12来说，这就是向右下的无秩序型的迁移。

从垂直整合型到公共池型

另一方面，在手机、互联网、广播的业务领域，垂直整合应用、数据、内容的传输基础结构，在一个特定的分发平台圈住用户，这样的业务结构也正在被打造。有人指出，在此因为用户将被锁定于特定的分发提供商，故对内容的访问权将受到限制，作为结果，它成为内容自由流通的障碍。这就是图2-12左上的垂直整合型。

然而，到目前为止，每个移动通信服务商所构筑的内容提供系统正在被共同化，某种意义上，制作和分发的分离（解捆绑化）正在急速地发生。换句话说，这是移动通信系统的开放化。此外，在互联网中和网络服务提供商独立，用其基础设施（互联网）进行内容分发的各种各样服务提供者正在出现。这样的服务提供者正在成为业务的主角，被称为“OTT”（Over The Top）。其结果是内容服务提供商在提供内容时，不再依赖特定的网络服务提供商，甚至转向移动通信和广播等其他通道进行内容分发，这就是图2-12右上的公共池型。

通过纠正垂直整合型的封闭性，使其向水平方向的业务展开成为可能。因此，内容分发业务经济地实现了独立性和自主性。

在世界范围来看，在以电视为代表的广播业务的领域，制作和分发的分离并不稀奇。对于这一点，从媒体的独立性，以及由于内容流通扩大而形成的关联产业的振兴的角度上来说，在日本应该重新进行探讨。分离内容的制作和分发的趋势，在国外一直是主流，内容制作公司不再把自己关在国内市场中，就可以迎来全球业务的开展。

在各种各样的信息通信网络中，可以说互联网对现有媒体给予了很大的冲击。它不仅变革了至今为止的制作和分发形式，人们也正在认识到互联网本身已经成为具有存在感的媒体。如同已经讲述的那样，正在形成由普通大众制作的不存在于传统媒体的“消费者生成媒体”（CGM）。在这种状况下，关于版权（含工业所有权）管理机制的改革将无法避免。在网络化媒体和包含版权与工业所有权的广义上的知识产权的关系方面，也许我们正在进入一个新的阶段。

提供信息挖掘潜在顾客

众所周知，广播存在着内容和广告的关系。然而，这种关系不仅存在于电视，目前也正在开始引入到电影。除了NHK和BBC等国营广播公司，一般公司的主要收入来源就是广告（也有来自收费内容分发业务的收入，不能说占很大部分）。制作广播内容时，把与广告主（节目的赞助者）业务有关联的特定产品和服务嵌入节目内的行为，已经成为惯例。这代替了把广告穿插于节目之间的方法，能和广告主在宣传上合作。

另一方面，传统电影产业的商业模式仅限于在剧场放映和发行DVD等获得收入。然而，如今出现了通过接受商业出资，在电影中埋入出资者产品和服务的广告的方式。埋入广告的电影数字拷贝文件，在电影首映之后立刻就能通过互联网免费地被分发，以几个国家为中心传播开来。例如，2004年7月发行的20世纪福克斯公司的《我，机器人》。在这部电影中，赞助商的产品多次出现，电影本身已经成为产品的广告。

很显然，这可以认为是对电影制作的投资。比起通常在电影院观看和DVD放映等，可以想象绝大多数的人们是在互联网上视听的。以因为购票和购买DVD价格高而放弃的潜在顾客为对象，由于互联网容易访问，就能从另一个方向扩大产品的广告效果。也就是说，它是一个长尾业务，增加了产品的销售量。

作为和此相似的业务形式，还有大相扑的电视转播。大相扑在战后经历了持续的低迷时期，电视台提出了免费电视转播的计划。当时相扑协会多数人的意见是，如果那样，来国技馆观看的观众人数会越来越少。在出羽海理事长的决策之下1953年5月开始大相扑的电视转播。然而电视转播开始后，据说来国技馆的观众人数反而急速地增加了。或许，可以说这是免费转播向潜在观众进行了信息提供的结果，其大大增加了实际顾客数。作为类似的例子，可以举出棒球的转播。另外，歌舞伎的高清电视转播、观光地的高清视频发布（赞助商是航空公司或旅行代理店）等也是如此。

还有最近，由音乐家提供音乐内容（如音乐和宣传视频等）的做法，可以说也是此类典型的商业模式。音乐家在互联网免费（或者非常低的价格）提供音乐内容。这样就使接收自己音乐内容的人数增加，然后再通过收费的现场直播演唱会等获得收入。所谓的直播演唱会，实际上提供的只是无法在实际现场体验的模拟内容。另外因为现场有和音乐家双向性的互动，具有和在线单向听音乐不同的价值。可以说通过数字内容，使得被模拟内容的价值提高了。人们也可以看到，音乐内容产业通过数字化从传统的传输媒体中解放，正在移向一个新的业务结构。

在此所举的例子，都是在免费提供视频和音乐的基础上诱导客户向产品和实物访问。通常视频和音乐质量越高，效果越大。由于互联网技术的进步，访问内容的成本急剧下降，就能够向众多的潜在顾客提供信息。也就是说，让实际顾客数增加的长尾业务成为可能。

声音的对象化

本章第1节讲到“歌词+乐谱”是广义的数字信息。如图2-4所示，在传统的数字传输中，必须多次进行数字和模拟的变换，这是非常低效的传输形式。

另一方面，如图2-5中所示的那样，在使用以MIDI和VOCALOID为代表的最新媒体的数字传输中，跳过“歌词+乐谱”（数字）和“电子歌声”（数字）之间的DA变换和AD变换，以全数字的方式（数字原生码）实现信息的传输。

顺便说一句，在互联网传递的内容中，称和娱乐有关系的内容为“丰富内容”。这是因为它们有大量的比特数（信息量），所以被如此称呼。如之前已经提到的那样，如果以数字原生码传输内容，用非常少的比特数（信息量）就能够提供相同质量的内容。换言之，这就是为何即使是丰富内容也能够非常有效率地很好地传输的原因。

最近，MIDI、VOCALOID和一些游戏正在进行把存在于内容中的一些目标（声音、图像、视频等）打散，然后个别地传输单个数据，在接收侧接收每个目标数据后再向构成原内容那样的系统演化。在这种情况下，对于内容不考虑声音高低和大小如何，或者物的颜色和形状如何等，单纯地采样接收原始声音和视频，传输生成位图信息。

另一方面，因为要再现内容中各目标的信息，故在接收端需要有能够自由地再构成内容的“空间”。当然，尽管能够再构成和送信端完全相同的“空间”，也可以不是如此，如在接收端故意改变目标的属性（例如歌声的音色、车的颜色和大小）。或者，引用其他内容中的目标（例如将钢琴的声音改变为摩托车马达声）也是可能的。

以电影和游戏产业为中心的内容，正在按上述方向日益加速变化。另外不仅是内容中的信息在变化，利用该信息的技术和设备也在发展。例如2014年美国杜比公司向市场推出的“声音的对象化（元数据化）”。同年在ATMOS影厅[①]观赏了红极一时的《冰雪奇缘》的人，可以体验这个声音的对象化。尽管被认为是3D的音响系统，实际上是对多个（最大数百）音源数据进行高度的数字处理、通过从多个扬声器中个别地驱动音量和位相，构成任意的“音场”（声音的存在空间）。在信息的接收侧（电影院）具备能够自由地控制每个声音的方向和位置的技术，实现和到目前为止本质上不同的面向对象[②]的音响空间。虽然这是在电影制作现场发生的例子，但我认为可以带来音响系统的革命。

---

① ATMOS影厅：属于美国杜比公司（音响技术公司）产品化的系统，使基于目标指向的新的三次元音响空间成为可能的电影院。其在天花板也配置扬声器，实现了演出的高度完整化。

② 面向对象：如本章第1节所述的那样，到现在为止有四次数字革命的经验：（1）语言的发明；（2）文字的发明；（3）数字取样（标本化的定理）的发明；（4）数字传输的发明。可以说这个目标指向是第五次的数字革命。

这个在任意方向和位置形成音场的技术，也正在被其他行业尝试。原本为了控制无线电波和雷达发送源而开发的“相控阵技术”被引入到音响系统中。这样一来，在记者会中使用的提示器装置（为了辅助讲话人显示原稿的设备）也有发生变革的可能性。现在的提示器装置是使用液晶显示器和一个半反射镜，利用了视觉系统。但是，如果有称为“相控阵扬声器”这种最先进的设备，就能够从扬声器发出仅在特定的人的耳朵旁可以听到的声音，也不必戴耳机。可以这么说，它是利用听觉的提示器设备。另外在商务谈判的情况下，也能够用仅己方能够听到的声音提供信息。因为依靠视觉提供信息已经没有必要，所以在和交涉对手保持眼睛接触的同时能在己方间进行沟通。

此外，也可以看到最近专业音响系统的发展。到目前为止，模拟的电缆已经导入以太网，在以太网也有提供电源的PoE（Power over Ethernet）。因此想要用专业音响器材在虚拟音场的创建上获得成功，还要进一步连接到云计算系统发展成一种新的形式。

综上所述，将数字技术乃至互联网技术真正引入音响系统的时代已经来临了。

声音和视频的对象化

对于这样的“声音的对象化”“视频的对象化”在当前的发展阶段已经相当普及。例如，从多个视点拍摄某一空间的视频，通过高度的技术处理，能够把存在于空间中的对象（例如杯、车、人等）作为立体抽出。使用这个对象信息，也能够从任意的视点再构成三维空间的视频。

进一步讲，还能够让“声音的对象化”和“视频的对象化”融合。新的技术在此有预期展开，也有形成新市场和业务的可能性。超过所谓内容业务这一框架，在互动要素强的教育业务以及体育等娱乐业务中的尝试也正在被摸索，我们期待至今为止没有的业务领域被开拓出来。

例如，在教育业务方面，能够制作如下的内容（当然各种各样的变化可以考虑）：

（1）管弦乐队实际编排中的乐器演奏训练

针对在管弦乐队特定位置能够听到的音响，还有能够看到的视频，队员可以独自进行乐器演奏练习。注意不是针对观众席上听到看到的音响和视频，而是针对队员自己在实际管弦乐队编排中的环境进行乐器的练习。

（2）从任意角度看视频的医疗护理培训

在医疗和护理培训中，可以提供各种各样的关于患者身体部位和对应角度的视频。针对被培训者的需要，提供的视频可以观察到任意的部位和角度。

（3）改变物理参数等条件的科学教材内容

存在于科学教材中的信息，没有必要是实际的摄影和录音，把它们放置到任意的地方或者与别的东西更换能够再建成一个新的场景。进一步，当场景重构时，还可以改变物理定律和相关参数（重力、摩擦系数等）。

在娱乐业务方面，可以考虑提供如下的服务：

（1）从任意角度看公众活动的系统

在公众观看体育比赛和演唱会的场合，能够体验和电视直播不同角度的视频和音响。如果进一步提高计算机的处理能力，借助高精度的音响和视频，即使是一个人或几个人，也能够体验到似乎有很多观众在参加的氛围。

（2）虽在他乡却如同身在主场观看体育比赛

在足球和棒球的比赛中，通过操作来强化或弱化观众的音响和视频效果，虽身在他乡，却仍然能够在主场的气氛下观看比赛。

（3）在现实中无法体验的空间建筑系统

因为能够从任意的位置和角度选择音响和视频，所以能够实现在实际中得不到的空间体验。例如，你可以在滑冰场的冰面上观看花样滑冰比赛等。这不是能在实际空间中可以体验的东西。

今后，这样的目标指向的内容，将真正成为“丰富内容”。任何情况下各用户的计算机将承担大量的数字处理，作为结果，各用户能够自由地操作内容。

此外，不是单一的内容被共享，而是由多个内容提供商提供的丰富内容将在全球范围共享。这也是基于端到端的观念的系统发展方式。

五种感官的数字原生化

最后，尝试考虑人的五种感官和内容的关系。不用说，所谓的五种感官就是听觉、视觉、嗅觉、味觉、触觉。正如前文所描述的，其中的听觉和视觉，已经正在实现面向对象化。换句话说，在内容中的声音或画面、视频等都可以用基于数字的信息来表示。这恰好是数字原生内容的出现。

而现在，留下的嗅觉和味觉是确定气味和味道的。可以认为它们的基本元素将类似于光学上的“红（R）、绿（G）、蓝（B）三原色”，或者声音上的“正弦波的频率和相位”。最后是触觉的基本元素，如果它也被定义，将实现五种感官信息的全部抽象化。如果那样，为了再现存在于空间的各种各样的目标，一个用户配置文件将被定义（被对象化），从而自由地建立起一个能够刺激人的五种感官的人工空间。

以这种方式，我们用五种感官感觉到的空间就会进一步扩展。通过使用互联网，人们可以体验的空间范围将扩张到全球范围。然而，话并没有说完。到目前为止只是关于五种感官。如果使用超过人类所具有的五感的动态范围的传感器将会怎样？事实上，它就会成为一个基于传感器的环境，可以利用收集人类所具有的五感以外的信息。也许在未来，我们可以构造一个能够编辑和加工此类信息的系统。如此一来，人类不仅在感官上得到了卓越的能力，还能获得五感以外的“超自然能力”。

正如本章开始所述的那样，所谓的广义的“数字化”，指的就是“把信息抽象化并作为对象定义，相互地共享的方法”。鉴于此，可以说在收集五感以外信息的传感器中，不仅包含“物理的”传感器，还包含“逻辑的”传感器。目前，由于物联网的普及，巨大数量的物理传感器（连接各种各样的物的设备）与互联网连接，编辑和加工这些传感器所收集的信息已经成为可能。而在将来，能够产生更多样的信息的逻辑传感器也将出现。计算机上运行的称为电子邮件的软件以及CPU等的硬件，实际上就在处理从传感器收集来的信息，本身也可以理解为是这样的传感器之一。

收集广义上的由传感器生成的信息，通过把它抽象化，我们将共享人的五感所不能把握的知识。作为一个强大的引擎，互联网系统将进一步发展下去。

第 3 章

解读互联网时代的社会和经济

1 互联网的诞生和发展

在前面的章节中，整理了作为互联网前提的数字技术的基本特征，并试图将其投射到未来的内容业务中。在本章，我想让视野更加扩展一些，在与社会和经济相关的历史中鸟瞰互联网。然后，去揭示融入互联网基因的设计这个观点的历史定位。

两个主角的舞台幕后

在人类历史的浩瀚长河中，从互联网出现到现在，就像是一个极小的时间段，但是即使如此，回顾以互联网为代表的计算机网络的发展，还是有着一座座思想和技术的里程碑。首先让我们看一下它的概观。

虽然至今为止计算机系统的演变仍在与时俱进，但“客户端-服务器型（CS型）”和“对等网络型（P2P型）”是一直并存发展过来的。这两个系统不断竞争主角之座，带来各自规模和复杂性的增长。图3-1整理了这个演变过程。每个计算机网络的环境都属于CS型或P2P型。

年代	型	环境	技术
20世纪50～80年代	C S 型	大型机	批处理作业
20世纪80～90年代	P 2 P 型	分布式计算	Multics，UNIX
20世纪90年代～21世纪初	C S 型	客户端–服务器	LAN WAN，拨号，Windows 95，TCP/IP
2000～2005年	P 2 P 型	对等网络	宽带互联网，文件共享，缓存技术
2005～2010年	C S 型	云	数据中心
2010年至今	P 2 P 型	IoT	智能化，自动驾驶车

图3-1　CS型和P2P型的演变

大型机环境——CS型

从1950年世界第一台商用计算机UNIVAC亮相以来，直到20世纪80年代，计算机网络的主流仍然是称为大型机（Mainframe）的以大规模计算机为中心的系统。该系统以大型计算机为核心，配置用户终端和打印机等外围设备，使用独自的信道技术相互连接。1964年IBM将“系统360系列”推向市场，一举成为计算机行业的霸主，一些制造商也致力于肩负企业骨干业务的大型计算机的开发。

每个制造商制造的大型计算机都具有不同的数据格式，使用单独的通信方式和外围设备进行数据交换。用户使用不具有复杂的数据处理功能的终端（VT100等）访问大型计算机时，要请求数据处理。

当时，处理被称为“批处理作业”，因为还没有建立用户之间的互动性，用户自己请求把程序和数据让大型计算机来处理，当这个程序有运行的可能的时候，才进入被处理的状态。大型计算机响应于用户的请求进行数据处理，并把处理结果返回（服务提供）到终端。在这种情况下，大型计算机是一个服务器设备，用户终端是客户端设备。

ARPANET（Advanced Research Project Agency NETwork）将这些因制造商不同而具有不同的数据格式以及通信方式的大型计算机（如所谓的超级计算机）通过通信线路相互连接，成为互联网的起源。据说其目标是可以让研究者共享遍布在美国各地的贵重的计算机。

分布式计算环境——P2P型

当进入20世纪80年代，以美国的太阳微系统公司、DEC公司和AT&T公司为中心，从Multics演变来的UNIX小型计算机不断地被开发出来了。至此，在计算机网络的世界，让多个计算机以分散的方式进行计算处理的系统被引入进来。

Multics是1964年由美国麻省理工学院、AT&T贝尔实验室等合作研究开发的操作系统。所谓操作系统，是指执行对计算机硬件的管理和控制的基本软件。用户编写程序时不需要意识到硬件的结构，操作系统提供能够进行计算处理的接口。Multics中采用的分时系统[①]、分

---

① 分时系统：由称为时间分割系统的软件将计算机的动作用非常短的时间隔开，从而使多个程序同时执行成为可能。

层文件系统[①]和虚拟内存[②]等，都成为当今计算机上运行基本软件的核心功能。在这之后，AT&T贝尔实验室将Multics简化开发为UNIX，构建了使用UNIX的计算机的分布式计算环境。换句话说，它是一个由多台计算机资源（即提供服务的机器）共同存在并可以对其配置的环境。

分布式计算环境，给在此之前曾经是主流的大型机环境带来的革命是文件和CPU资源的共享。为了实现和其他计算机数据和操作的交换，需要有它们的共同的功能要素和为了利用这些功能的标准接口（例如，为了指示远程计算机上程序执行的RPC：Remote Procedure Call等）。这些开发都被积极地进行着，从20世纪80年代一直到90年代上半叶，形成了第一代互联网。

客户端-服务器环境——CS型

随着分布式计算环境的普及，专用于特定服务功能的服务器设备被设计出来了。在局域网（LAN：Local Area Network）环境下可以举出的特定服务有处理数据库的数据库服务器、管理大容量文件的文件服务器、批处理打印的打印机服务器等。另外还可以举出的例子是

---

① 分层文件系统：以分层树形结构管理存在于计算机中的数据块文件的系统。

② 虚拟内存：是一种管理在计算机内部的数据记录和存储位置的方式。对于各种存储介质使用的物理地址，让它和另外定义的虚拟地址建立对应关系。这样操作系统不必意识到每个独立形式的物理地址，就能够进行数据的记录和存储。

在广域网（WAN：Wide Area Network）环境中经常使用的服务，如处理使用HTML语言表达的超文本的Web服务器[①]和管理电子邮件发送和接收的电子邮件服务器等。

所谓客户端-服务器环境，就是通过把这些服务分配给特定的专业服务器去执行，从而有效地建立起的计算机网络。这样一来，各用户利用计算机的环境配置就变得更为容易了。此外，因为提供服务的服务器将功能集约化地运用，提高了服务的可靠性，同时也减少了服务的提供成本。在现在的互联网系统上运行的服务，几乎都建立在这种客户端-服务器环境的架构之上。

使用模拟电话线路将个人电脑连接到互联网的技术被发明之后，客户端被迅速地引入到WAN环境之中。称为“拨号”的连接方式很快普及，1995年微软发布的Windows 95，更是标准地装备了作为互联网通信规约的TCP/IP，这样一来，互联网服务提供商的业务出现了快速增长。

对等网络环境——P2P型

在此之后，从2000年开始，对等网络环境逐渐普及。虽然每台计算机用一对一的方式相互连接的模型在互联网一开始出现就得以应用了，但是，在2000年之后，其规模才急速地扩大。

所谓的对等网络环境，可以看成是在分布式计算环境中，将原

① Web服务器：1989年欧洲核物理学研究所（CERN）的蒂姆·伯纳斯·李博士为所内论文的公开和浏览而设计的系统，成为Web服务器的基础。

本使用在计算机内部结构的重要技术应用到网络。特别要指出其发生的背景是，称为“宽带互联网”的高速通信环境已经建立起来，还有半导体技术的优化以及用户使用计算机能力的急剧提高等。在此基础上，许多对等网络环境的服务全面展开了。

音乐文件的共享服务最早由成立于1999年的Napster公司提供。音乐分发原本是客户端-服务器环境的服务，所以当音乐文件在不同的环境被共享时，立即被唱片录制行业提起了诉讼。

如同早期计算机不存在高速缓存技术[①]那样，那时的互联网也几乎不存在高速缓存技术。但是，为了实现对等网络环境，各种各样的系统被引入来担负高速缓存功能。例如，不是让远处的计算机，而是让邻近的计算机作为代理服务器来处理代理数据，动画文件和HTML文件等内容用轻微延迟传递到最终用户计算机的CDN（Contents Delivery Networking，内容传送网络）系统等就是为此而引入的系统。

另外，2002年发布的Winny是第三代文件共享系统，为了改善内容传递的延迟，减轻分发服务器的负荷，该系统可以看作是把高速缓存服务器以分布的方式配备在网络中。然而作为对等网络环境的软件研发的成果，Winny成了诉讼对象，其理由是它帮助了非法内容的分发。

在对等网络环境中，当高速缓存未命中（数据无法暂时复制和保存在高速缓存服务器内）时，就将访问存有原文件的、在远程地点的原始服务器。为了避免出现这种情况，提高高速缓存的命中率，对于被访问的可能性高的内容，在实际被访问之前，事先将有关的对应关

① 高速缓存技术：为了减少计算机内部数据利用的延迟，将利用率高的数据暂时复制和存储到中央处理单元（CPU）附近的技术。

系传送到高速缓存服务器，也就是安装提前预测的功能（在CDN这被称为“反向高速缓存”）。

此外，在对等网络环境中，完成内容文件名检索之后的文件传送，希望不经由中介计算机直接进行。也就是希望文件直接从拥有该文件的计算机传递到接收它的计算机。这可以看成是不给CPU施加负载从而实现高速化数据传递的DMA（Direct Memory Access）方式。在DMA方式下的数据传送不是经CPU间接地进行，而是在必要的模块间直接进行传送。

此外，还有一种服务称为目录服务系统。该服务利用内容的文件名和其中的数据，能够得知内容被保存的位置。它提供了和目前大多数计算机虚拟内存几乎等效的功能。因此，保存在计算机内的多数数据的模块（使用各自独立地址）和一个大的虚拟地址空间形成映射关系，从而使综合地管理和控制它们成为可能。在对等网络环境下，DHT（Distributed Hash Table，分布式哈希表）是引入虚拟存储器的概念并将其广泛使用的有名技术之一。

云环境——CS型

如上所述，客户端-服务器型和对等网络型，交替地作为时代的主角，各自实现了技术创新和规模扩大。从2000年开始，尽管对等网络型的服务作为主角被特别关注，但是作为客户端-服务器型的云环境却有夺回主角之座之势。

谷歌和亚马逊等公司为了提供各种各样的服务，在互联网中建设了巨大的信息处理工厂（数据中心），并在那里存储用户的数据，使用高性能计算（HPC：High Performance Computing）技术和网络计算技术[①]等。在此所使用的都是为了实现大规模计算机处理的技术，以前是以学术界为中心一直在被研究开发的。云计算诞生于21世纪初，到2005年无论服务和功能都扩大了。随后，企业把安装在自己公司营业所内的计算机转移到互联网中的数据中心，利用中心内的服务器，迈向了业务的效率增长和成本降低之路。要做到这一点，必须将至今为止的企业系统改变为以提供云服务为前提的系统，其建设正在迅速地扩大。

云计算的第一个服务是由雅虎和谷歌公司开发的信息检索服务。分布在互联网上的Web服务器，能够根据关键词告诉我们信息的位置，也就是提供一种目录服务。其结果是，“互联网上什么样的信息存放在什么位置”的信息被存储在数据中心。

此外，以前用户从自己所有的特定信息设备接受服务，如今由于利用数据中心的虚拟的服务器，无论在何处都能接受需要的服务，也就是说云服务出现了。换句话说，服务的类型正在发生变化，从利用安装在办公室的服务器提供服务的工作场所型（On-the-Premise），向利用办公室以外的服务器提供同等服务的工作场所外型（Off-the-Premise）的系统转移。

云计算必须能够利用不同的硬件。这是通过模仿用户的环境来实

① 网络计算技术：通过自由地结合存在于类似互联网那样的广域部署网络的计算机资源，实现大规模高速计算处理的技术。它是下一代高性能计算机系统被研究和开发的基础，也被认为是目前云计算的先驱。

现的。它具有以下特点：

- 是吸收硬件环境差异的虚拟机（VM：Virtual Machine）
- 不依赖于设备的物理连接方式（拓扑性），是模仿用户期望的连接方式的虚拟网络（VN：Virtual Network）
- 是模仿用户期望的计算机网络环境的虚拟平台（VP：Virtual Platform）

在云环境下用户本身没有必要拥有自己的物理设备。另外，在计算机资源的能力变更利用方面，向外扩展技术（Scale Out，一种可以方便地提高处理性能的技术）正在使自动调整服务能力成为可能。风险企业和研究开发部门等的利用一直在迅速增加。从企业经营的观点来说，设备管理的额外开销（间接的和必须要附加的开销），还有关于设备投资的风险管理是由提供云服务的运行商承担的。

客户端-服务器型的云环境，由于客户端的移动化而进一步加速发展。客户终端与用户接口的高性能化，使在提供终端本身的计算资源的同时，逐渐实现了利用云服务进行面向用户提示的数据生成。

从云到物联网的时代

回顾到目前为止的计算机网络发展，随着时代的变迁，我们可以看到有很多是基于端到端的方式发展而来的。也就是说，用户的计算机负责最终用户之间的数据传送，而起中继作用的网络设备不进行复杂的处理，提供的是有透明性的数据发送和接收。同时，建立起了基于各种各样的技术规格的计算机网络。正如我们已经看到的那样，可以说客户端-服务器型和对等网络型在争夺主导权的同时，都在谋求其系统规模的扩大和能力的提高。

近年来以数据中心为核心的云环境是客户端-服务器类型的，今后将向对等网络型过渡，其动向已经开始显现。连接地球上存在的所有事物这一方向也正在物互联网（Internet of Things）及IP for Everything体现。智能家居、智能建筑、智能城市，还有智慧星球等的理念亦是如此。

在物联网环境发展下，以自动驾驶汽车为代表，必须在极短的时间延迟中实现对高速运动的物体的管控。从这个原因出发再次引入对等网络型系统势在必行。此外，自动驾驶汽车那样的本地系统，即使是在失去和互联网连接的场合，也应该能继续正常行驶，所以从让功能即使在不可预见的情况下仍能持续这个重要观点出发，必须实现一个适应性环境，使其既可以使用“存在于互联网上的服务器”，又可以使用“不以和服务器的连接为前提而运行的本地系统”。要做到这一点，仍然需要一个对等网络型的系统。

此外，这种对等网络型的运行方式，适合于想保护信息隐私的用户。它不会将有可能泄露隐私的数据传送到服务器侧，而能够在本地完成对这些数据的处理。

图3-2表示了客户端-服务器型和对等网络型之间的正螺旋关系。如图3-3所示，因为电子技术一直遵循摩尔定律持续发展，近年来实现的是客户端-服务器型的云环境，今后将实现的是基于对等网络型的高性能的物联网环境。

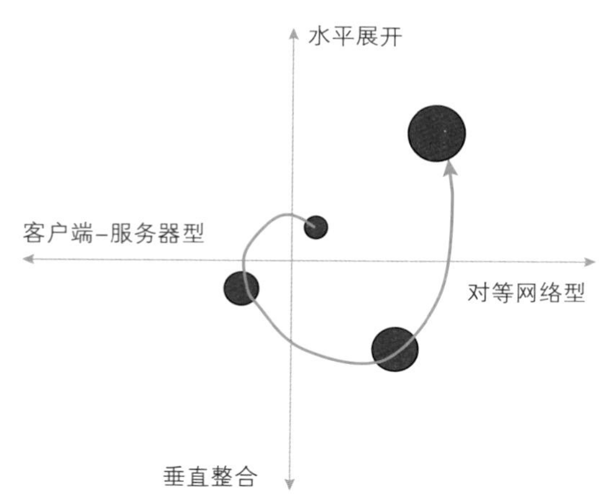

图3-2　P2P型和CS型的正螺旋线

年代 形式	1960s 安装	1970s 办公室电脑	1980s 小型机	1990s 个人计算机	2000s 笔记本	2010s 按键
CPU（MIPS）	0.1	1	10	100	1K	10K
内存（GB）	0.01	0.1	1	10	100	1K（1T）
重量（Kg）	1K	100	10	1	0.1	0.01
便携度	10^{-12}	10^{-9}	10^{-6}	10^{-3}	1	10^{3}

便携度=MIPS × GB/重量（按10^3减少）

图3-3　计算机便携度的变迁

然而，即使下一代对等网络型将得到发展，并不意味着以当前的数据中心为核心的客户端-服务器型的服务将消失。新的对等网络型将是基于如下两点运行的系统：首先是利用客户端-服务器型的基础设施所提供的过去的数据，还有就是利用这些过去的数据进行“深度学习”（见第1章）的技术。在此，因为计算机的数据处理能力得到显著提高，使巨大种类和数量的数据处理成为可能，甚至可以挖掘至今为止不能提取的知识和事件并对其加以利用。

互联网和物理系统的融合

计算机网络系统，当然不是仅仅建立在一种单一的功能上，而是组合多种功能来提供每次服务。无论是客户端-服务器型还是对等网络型，因为能够发挥各自丰富的功能，现实的系统其实是由这两个服务架构以复杂集成的形式实现的。

然而，也许有的读者已经注意到，所谓新的服务，在大多数情况下，产生于使用客户终端的对等网络型，在被社会接受的过程中逐渐地迁移到客户端-服务器型的过程中。其中，提供服务的资源被集约化，由于规模效益带来成本降低，由于服务停止时间的削减而带来质量的提高，这些一旦达成，就可以由企业推向商品化。

如果改变思路，也可以这么想，首先要坚持作为互联网重要特征的端到端的架构，维护一个环境是非常重要的。其次，在该环境下，使用终端用户计算机的对等网络型服务能够尝试新的挑战。由此来保证新的客户端-服务器型服务的出现。

现在，互联网在实现称为IoT或IP for Everything的无处不在的网络的同时，正在经历和“物理系统的融合”。这意味着包括传感器和执行器等在内的地球上所有物理空间中的非计算机设备都将连接到互联网系统。在这个世界里，家庭的冰箱和煤气表、户外的小汽车和自动贩卖机，以及商品、宠物和戴在人身上的数字设备……设置在所有场所的传感器等的微小设备都将和互联网相连接。

最初的互联网，使用远程的昂贵计算机，以执行支援某作业的计算处理为目的被研究开发。它几乎相互连接了所有的数字设备，然后向融合物理空间的网络环境进化。

在这样的网络环境中，数字信息通过六个过程（形成、采集、传输、分析、处理、共享）关系到我们生活的每一个角落，并在谋求其活动效率化和高性能化的同时，不断创造新的服务。

2 信息革命对社会和经济的影响

体现“第三次浪潮”的互联网

在1980年出版的《第三次浪潮》[①]中讲述了20世纪末，人类将经历“信息革命”（后工业化革命）的第三次浪潮。在那里，人和组织所具有的“信息”（Intellectual Property，知识产权）的价值增加，相对于国家将出现具有全球性的组织。其中，他预测了一个新陈代谢的系统将一直发展下去，在该系统中输出的产品和副产品将成为下一个生产环节的输入。此外，相对于过去经历过的第一次浪潮“农业革命”及第二次浪潮“工业革命”，对于目前汹涌而来的第三次浪潮

① 《第三次浪潮》：艾尔文·托夫勒所著的《第三次浪潮》（*The Third Wave*）（日本放送协会，1980年）。

“信息革命”，他的分析是，这是对第二次浪潮的特点，即“标准化、专业化、同步化、集中化、极大化、中央集权化”的一次变革。

我在高中三年级的时候读了这本书，并在10年后的1990年在美国新泽西州的贝尔通信公司，遇见了体现第三次浪潮的互联网。以下罗列是第三次浪潮的特点（也包括第一、第二次浪潮），或许与互联网有关。

第一次浪潮 农业革命

- 农耕社会与文化替代狩猎采集社会与文化
- 从狩猎（掠夺和剥削）向生产（耕种、创造和发展）变革

第二次浪潮 工业革命

- 大规模生产、大量流通、大众教育、大众传媒、大众娱乐、大众传播、大规模杀伤性武器等，通过整合的效率化和经济化的发展
- 由于标准化、专业化、同期化、集中化、中央集权化等，出现称为官僚体制的组织（作为协调人的超级精英层）
- 对科学和技术的万能性的崇拜

第三次浪潮 信息革命（后工业化革命）

- 把“统一的庞大组织的文化、社会和工业活动”置换为“具有多样性和自主性的小规模组织的文化、社会和工业活动”
- 具有多种多样的规模、性质、目的和经营模式的全球组织、跨国组织出现，和国家的摩擦变得明显
- 少数大众传媒崩溃、多样化的小规模媒体出现
- 活动单元向动态并行的多元化转变，其形式总是很快地变化

- “信息”可以取代物理资源的大部分。比如，代替通勤的通信（在家办公），贡献在于时间和能源的节省
- 对于特定的间隙市场可以提供廉价且有个性的产品
- 生产者和消费者的鸿沟由技术填补，“生产型消费者”获得能够满足其自身需求的手段
- 化石燃料系统将被太阳能等可再生能源和分布式小型能源所替换
- 产品和副产品输出一定成为下一个生产环节的输入，将出现不产生废弃物和公害的新陈代谢性能高的系统
- 除了经济的利益，为了生态环境和社会持续发展的环保措施、伦理、道德将成为企业诉求

正是互联网的出现，促使“全球性机构、跨国组织”的出现，创建了“具有多样性和自主性的小规模”社区，给在此之前的国家框架和各国的法定边界带来变革，加快了全球性的“文化、社会和工业活动”。

此外，如同“少数大众传媒崩溃、多样的小规模媒体出现”那样，由于互联网的发展，电视、报纸和出版那样的大众传媒将被迫变化，而在网络上提供多样化信息的组织和个人将会出现。另外，“作为代替通勤的通信”使远程办公成为可能，产品“对于小市场可以提供”的趋势朝长尾业务方向发展。

此外，对于“生产型消费者”的出现，如果看一下消费者自媒体（CGM）的情况就很清楚了，一般用户能够创作数字内容并将其向媒体发布。“不产生废弃物和公害的新陈代谢性能高的系统”和“为

了生态环境和社会持续发展的环保措施”等，体现在以智能建筑、智能城市为代表的社会和产业基础设施，通过ICT化使用较少能耗创造较高性能的环境，也许现在已经接近于目标实现的状况。

信息具有价值的时代

随着三次浪潮的到来，在社会上具有价值的对象变化了。第一次浪潮中“适宜的气候和土地的所有权”、第二次浪潮中“能源和流通”、第三次浪潮中“信息、知识和智慧的积累基地”分别被看成是重要的具有价值的对象。

第一次浪潮　农业革命

拥有“适宜的气候和土地的所有权”是掌握霸权的要点。

第二次浪潮　工业革命

具有工业资源的土地，以及生产和流通便利性高的据点，即“能源和流通”是掌握霸权的要点。

第三次浪潮　信息革命

“信息、知识和智慧的积累基地”是掌握霸权的要点。

这和由贾雷德・戴蒙德在分析人类霸权的历史时写的《枪炮、病菌和钢铁》[①]的观点有类似之处。在书中，他用“农业和畜牧”“工厂和物流”“互联网和计算机”这些关键词来论述各自所象征的时代的演变。每个时代具有以下特点。顺便说一句，在第二个“工厂和物

① 《枪炮、病菌与钢铁》：*Guns, Germs, and Steel: the Fates of Human Societies*，1997。日文版由草思社于2012年出版。

流”的时代以后，作为有社会价值的东西，信息（智慧和知识）一直被关注着。

1. 农业和畜牧

“采集和狩猎”向“种植和养殖”转化，形成了定居化和部落化。其结果是，新的病原体在部落里发生，对病原体不具有免疫力的地区在侵略战争中被击败。

2. 工厂和物流

在老师和弟子间传承的秘密的智慧和知识，在文艺复兴时期被与其他人共享，这促进了交流。其结果是到那时为止的常识被否定，人们广泛地认识到，产生一个新事物的辩证发展（扬弃）是重要的，这引发了促进工厂和物流发展的工业革命。

3. 互联网和计算机

现在正处在于由“国家”和“物”为基本构筑的系统，向以“全球”和“代码”为基石的系统迁移的阶段。特别是企业将不再封闭于国界之内，正在形成跨越国境的全球性组织。其结果是，国际经济在向全球经济进化。

此外，价值从“物”这个物理财产向“代码”这个知识产权快速地迁移。代码，狭义上指的是设计图、设计、算法，或者用于执行的程序等，但是在广义上却指包含这些的思维方式、战略、战术、文化等。广义的代码作为一个价值的主体正在被认识。

如上所述，在“工厂和物流”时代的文艺复兴时期，信息（智慧和知识）很早就开始起着重要的作用。在老师和弟子以外，由于信息的开放化，唤起对新的智慧和知识的进一步创造，甚至引发了工业革命。可以说在那里发生了和互联网带来的从封闭系统向开放系统变革的同样的事情。

在“互联网和计算机”的时代，因为形成了跨国境的全球组织和经济，故称为互联网的信息网是不可缺少的。此外，比起处理物理的“物”，进行设计和控制的算法，以及包含在其中的思维方式和文化，这些知识产权（信息）具有更高的价值。

信息和权力的历史

在第三次浪潮的“信息革命”时期，通过互联网信息能够到达的领域急剧地扩大了。在此之前的许多的商业，其构思是基于“帕累托法则”。也就是说，在经济原理上将市场的20%顾客化是可能的，但是要将剩下的80%顾客化，需要的成本极大，是相当难于顾客化的领域。然而，利用互联网向潜在顾客推广的成本降低了，至今为止不能顾客化的80%的潜在顾客有成为实际顾客的可能，业务结构发生了变革。

这就是“长尾业务”，可以说这是美国亚马逊公司获得巨大成功的根本原因。在利用互联网达成商业成功的原因中，尽管商品流通系统的效率化不可或缺，但推广成本的降低，才被认为是极其重要的原因。

互联网的普及使信息推广成本革命性地降低，结果就是企业把至今为止被认为是不可能顾客化的长尾领域发展了起来。其实，与之同样的社会和经济变化在过去也一直发生着。让我们回顾一下至今为止“信息能够到达的领域”是如何扩大的，其影响又是如何。

首先，第一次浪潮的“农业革命”，让人们定居形成部落后，再向都市发展。在这个过程中人类在大部分地区建立了君主制。在君主制地区，智慧和知识（信息）都集中在权力方，并不向一般民众传播。而那时广泛地共享智慧和知识的方法也根本不存在。因此权力者的统治变得容易起来。

可以说给这个状况带来变革的是印刷技术。它让描述智慧和知识的书籍和以前相比能被大量地复制，并且让这些书便宜地流通成为可能。不仅是权力阶层所具有的智慧和知识，统治的实际状况等也被权力阶层以外的市民阶层广泛地知悉。而后所发生的则是如历史所示的君主制的崩溃和民主制的崛起。“信息的能够到达的领域”的扩大，是使政治体制发生变化的原因。

信息和财富的历史

在经济的世界，“信息能够到达的领域”的扩大会出现什么样的影响？在缺乏传递共享信息的手段的时代，关于经济的信息也都集中在特定的人们之中。例如，通过限制信息广泛传播进行物流控制，给那些拥有信息的人带来巨大利益。即使现在，同样的情况每天都在发生。信息的局部化，将会对能够访问信息的人和组织带来受益无穷的潜在价值。

因此，如果“信息能够到达的领域”变化了，与其对应的业务结构也会改变。从这个角度看，目前最好认真考虑被推进的大数据和开放数据技术对业务的冲击。

自主、分散和协调的系统

现在的互联网，一直维护着如下所述的管理要求。通过这样的方式，各用户自主地执行分散的投资，可以说其结果是形成了全球范围内相互连接的系统。

[要求]

（1）可以自由地传送和利用数据通信；

（2）基于One for All，All for One 的全体和个人的双向性；

（3）有持续引入新技术和服务的可能的架构。

在互联网的黎明期，这样的管理要求已经被充分实现。每个研究机构在其内部建立一个计算机网络，同时为了让自己的计算机网络能够和其他组织的计算机网络通信引进了通信线路。尽管要负担这个通信线路的费用，但是在自己组织以外可以用免费的方式传递数据，换句话说，就是免费中继数字信息包（IP数据包）。因此，就实现了在所有组织间的数据通信（即互联网上的数据通信）。这就让机构可以不依存于特定的数据通信服务提供商（要求1）。

组织间数据通信所需要的数字包的中继传递，不能直接成为自身的利益。这就是说，因为能成为互联网本身的利益，结果仅承担与相邻组织通信的费用，就能形成自己的计算机和互联网上的全部计算机进行数据通信的环境。各组织在本地的投资关系到整个互联网的服务，同时也对它自身的规模扩大做出了贡献。基于这样的合作方式，实现了自己和社会的利益（要求2）。

此外，因为是以自主性和分布式组织构成的系统，当引进新的技术时，其时间和经费的确保等要根据各组织的情况具体做出规划。提供整个基础设施通用的组织是没有必要的。因此，应对环境的变化，各组织应结合自己的情况考虑最适合的方式，进行各种各样的尝试。从其中选用更合适的方法（要求3）。

如上所述，如果直截了当地说互联网所坚持的根本特点，应该是“自主、分散和合作”。不具有整合全体的中心、自主地行动的各用户虽然分散，但由于相互支持，以合作的方式仍能使整个系统处于正常运行的状态。

社会和工业基础设施的生态系统

互联网的自主、分散和合作的系统具有作为“生态系统”发展的潜力。通常所谓生态系统是表示生物社会相互关系统一的概念。在这个生态系统中，要综合地理解食物链等生物间的相互关系，以及生物和无机环境（水、大气、光等）之间的相互关系。尽管生态系统会因外围的情况发生变化，但通常认为它具有通过相互作用达到稳定的性质。

这里，尝试考虑一下业务领域的生态系统。在这个背景下，生态系统就意味着商业活动中，企业和组织在进行竞争和协调并据此创造利润和进行创新、产生变化的同时，也保持了一种持续稳定的形态。同样地，这也可以适用于包含互联网的社会和产业基础设施。如果是作为生态系统的社会和产业基础设施，一般应具备以下的特性：

（1）独立性（Independent）；

（2）自主性（Autonomous）；

（3）交流性（Interaction，Interoperability）；

（4）适应性（Adoptability，Agility）。

具备这些特性的事物，除了在互联网，在运输系统和物流系统等很多领域也能看到。其对基础设施整体的改变在于，“独立”“自主”的组织和与其有关系的组织做“交流”的同时进行获利活动，对于风险或纠纷系统整体能够“适应”。因此，在构筑今后的社会和产业基础设施时，应积极效仿过去形成的优秀的东西。进一步讲，由于个人进行的投资会使社会和产业基础设施的整体水平得到提高，当然个人能够享受的服务水平也会得到提高。也就是说形成了“正反馈”的机制。

蔓延在全球范围内的“当地生产当地消费”

为了创建21世纪社会和产业基础设施的根基，信息通信系统（网络空间）和现实社会（现实空间）的融合是必要的。而且，如迄今为止所描述的那样，互联网和物的合作已正在深入进展。如此一来，设计与实现现实空间的物（Things）的“状态把握、感觉”（Sensing）和“控制、驱动”（Actuation）的方法越来越重要。在人、物信息相互作用的时代，正是这个相互作用决定着整个社会和产业的活动效率。

支撑社会和产业活动的基础设施，可以认为要经历如下两个阶段。而且，会进一步向生态系统进化。在此要引入的正是融入互联网基因的设计观念。

第一阶段

在灾害发生时，为了使社会和产业基础设施继续运行，必须建立当地生产、当地消费的可以自行运行的系统。同时，实施和外部基础设施合作的机制，以形成自主分布的本地基础设施。一般认为在这个阶段，机构依存于本地服务提供商提供所需要的服务，并进行社会和产业的活动。

第二阶段

作为下一个阶段，如在第1章第1、7、10节所讨论的那样，必须促进社会和产业基础设施的透明性。同时实现基础设施所需要的硬件和软件能够以更便宜的价格更容易地提供。其结果是基础设施的构筑转向不依存于服务提供商。

当进入这个阶段，就会出现这样一种方式，即每个组织（公司）使用自己建立的基础设施设备相互连接，在地理上形成分布的事业所。而且向自身的投资不仅贡献于自身组织的基础设施，也贡献于本地以及全球的社会和产业基础设施。对自身的投资成为对社会整体的贡献，最终又成为自身的收益返回，也就是实现了“正反馈”。这样的双赢关系，可以促进“具有社会性的基础设施”的进化。

随着社会和产业基础设施从第一阶段进入到第二阶段，在多样的服务上组织和个人彼此合作，给予和获取的关系被强化。这才是生态系统的形成。而且如果把给予和获取比拟为生产和消费，有将“当地生产当地消费”的系统延伸到全球范围的可能性。

促进创新的选择退出

互联网尊重自由，把“不限制”作为起点。然而，当在发生问题的特殊的情况下，也将限制某些功能，这被称为“选择退出”，也就是“在特殊情况下限制某些功能”的策略。与它相对应的是“选择加入”，这就是“在特殊情况下容许某些功能”的策略。

在互联网的世界，通常以选择退出为目标。当你想要进行一个新的挑战的时候，尽管不知道它是否能成功，但一定要尝试，如果觉得有前景就积极地推进，解决问题并实现创新。换句话说，其方法就是，开放性地打开入口，仅将存在问题的东西选择性地关闭。

在北美社会，选择退出是一种原则性的思考方法。其基本规则会尽量宽松，发生问题的场合则被视为一个单独的问题在法院等处理，尽量不制定新的规则。这样的方式已经被广泛实行。而在欧洲社会，原则接近于选择加入。尽管有事前制定详细规则的倾向，但实际上在很多场合运用的时候，即使不遵守这个规则也不认为是问题。

这样一来，尽管北美和欧洲的想法相反，但在双方之间，在关于个人信息保护规则的“安全港原则”[①]的运用上，对“安全港条款”[②]具有共识，那么相互之间的个人信息交换就仍然可能。

那么日本的情况如何？众所周知，这个国家的文化是严格地遵守被决定下来的规则。因此，如果像欧洲那样的选择加入型的规则被制

---

① 安全港原则：1995年欧盟制定的关于个人数据保护的规定，原则是“禁止向不实行对个人数据充分保护的第三国传送个人数据”。

② 安全港条款：1999年美国商务部和欧洲委员会达成的协议。美国决定在满足欧洲制定的安全港原则的情况下进行充分的个人信息的管理和保护。

定，就会被非常严格地运用，很多时候本来想实现的积极的挑战会被压制。个人信息保护法，可以说是其典型的事例（关于它将在第四章详细论述）。

选择退出型受端到端的思维方式影响很大。在网络端边的用户有责任保证服务质量，这个想法的另一层含义就是，网络仅提供具有透明性的数据传送服务就可以了。其结果是带来了保证最终用户挑战的机会，使革新的可能性提高。

因此在互联网被广泛适用的选择退出的想法，直接关系到由端到端所坚持的“透明性的确保”。对此，选择加入的场合，在初期是被屏蔽的“不透明的状态”。为了把其变为“透明的状态”，笔者认为应该使用选择退出。

农业的未来——知识产权的重要性

我们已经看到了以互联网为代表的信息革命（第三次浪潮）给社会和经济带来的冲击，当然第一、第二次浪潮给农业、工业也带来了进一步的影响。不用说，信息涉及所有的产业。以下，我们将去看一下农业和工业这些信息产业以外的领域的变革。

首先是对农业的影响。第一是使用传感器和执行器实现生产现场的智能化。例如，在塑料大棚安装各种各样的传感器使农作物的质量提高，努力实现产量的增加。这是生产设备的效率化，也可以理解为第一产业（农业）生产现场的第二产业（工业）化。

更具体的可以提到发生在佐浦的因“浦霞”而知名的日本酒酿

造业。之前的状况是酿酒师高龄化，且找不到继承人，为了把日本酒的制造工程数字化，通过在生产现场尽可能地安装传感器，将其改变为由计算机控制的工厂。结果，获得了高质量的管理和大量生产的能力，“浦霞”也成长为全国知名品牌。这便是使用ICT技术使生产现场从第一产业向第二产业变身的事例。很容易想象，酿酒师技术的数字化使生产工程的复制成为可能，并在日本酒酿造工厂的BCP（事业继续计划：Business continuity planning）的实现上做出了很大贡献。同样的事情，也发生在葡萄酒厂上。美国加利福尼亚州的酒厂几乎成为了化学工厂那样的结构，已经作为第二产业的生产现场进行运行。其他投入生物、化学技术和ICT技术建立的植物工厂，可以说是智慧农业的典例。

第二是农产品流通系统的变革。随着ICT技术的使用，让农作物自由地流通的立法被实行了，形成和第二产业同等的流通渠道，以及和第二产业的整合化。

第三是农业本身的数字化。由于生产现场的ICT化，生产方法和设备知识的产权价值也逐渐上升，这开始成为决定生产性和经济性的重要的因素。此外，用基因技术等生物科学的引入，表示着农业的知识产权的创造正在成为日益重要的课题。

工业的未来——从地理拓扑的解放

现在让我们看看对工业的影响。首先是工厂的智能化。基本上和在农场发生的相同，由于传感器和执行器的引入使生产过程更有效率，而且由熟练工人的制造管理改变为由计算机的控制。随着ICT技术的引入，生产现场的功能得到了升级，生产过程通过数字化重建，工厂的BCP也提高了。此外，因为少子高龄化而引发的人手不足的情况，也有可能靠当前的即时对策得到缓解。

第二是由于3D打印机和微型工厂带来的生产和流通结构的改革。3D打印机是只要有设计图不限场所就能够生产的装置，微型工厂是在小规模的工厂实现半导体芯片制造的设备。现在，制作产品的工厂大多被转移到中国和东南亚这些能够便宜操作的区域，这些技术如果发展，就有从根本上改变生产和物流的地理拓扑的可能。这也可以理解为是信息革命对第二产业的冲击。

3 互联网带来的技术、业务和基础设施的变化

国家作为利益相关方之一

正如我们已经讲述过的那样，互联网的最显著的特点之一就是全球性。互联网超越了“国家”这个被捆绑到物理土地上的区域，信息被自由而具有透明性地交换，形成各种各样的社区和企业等组织。因此，世界上的主要领域，诸如政治、经济和社会等急速地受到全球化的影响（现在只有政治仍然保持着与国家紧密捆绑的状态）。

在这些领域中，以国家为基础建成的20世纪型的治理系统，由于没有国界的互联网的出现正在发生着根本的变化。在商业活动中形成利害关系的企业和个人称为“利益相关者”，在互联网，把比这更大的范围的企业、个人、社区等称为“多（多数的）利益相关者”。以互联网为前提的社会和经济活动的展开，使多利益相关者的想法逐渐普遍化。作为实际情况，在大量存在的利益相关者中，包含国家这个重要的成员。

网络系统行为的四个模型

从2007年到2010年，我在担任ISOC（互联网协会）这个国际非营利组织的理事的时候，做过对互联网的技术、业务、治理原理的探讨和对未来的展望。结果就是整理出了“网络系统行为的四个类型”（参考图2-12“内容业务的四个类型”，本书第71页）。这个图的横轴表示“排他性和独自性”和“协调性和开放性”，纵轴表示“生存可能性”和“依存性和顽强性”。右上的“公共池型”是在互联网可以看到的典型的形式，具有自主开放、分布式和合作的业务结构。左上的“垂直整合型”是苹果和微软那样的业务结构，它们垂直整合应用、内容、传输基础，通过使用技术能力把顾客圈为己有。右下的“无秩序型”是谷歌和脸书那样的覆盖免费型业务结构，在有透明性的网络上开展着自由的服务。左下的“监管保护型”则是贸易保护主义或护送船队方式的业务结构，它利用监管抑制竞争，同时在从外部影响少的环境，进行获利。

其中，日本在哪些商业模型上获得了成功？首先在监管保护型的环境培养对外的竞争力，然后迁移到其他类型的业务结构，这是通常被考虑的策略。启动商业的时候需要考虑成功风险，在这种情况下，不得不选择监管保护型或垂直整合型。在商业成长阶段，为了应对市场的大规模化和多样化，从图中左侧的排他性和独自性，有意识地转移到右侧的协调性和开放性的业务结构是必要的。

此外，在想要扩大业务规模的阶段，仅仅将业务结构沿着水平分离的方式展开是不充分的，将系统本身以模块化方式构成将成为必要。而且，这样的面向协调性和开放性的拓展，很多时候也适用于企业组织结构（如事业部等）的改革。

从排他性和独自性到协调性和开放性

作为从排他性和独自性转向协调性和开放性的商业模式的例子，要提到由索尼公司开发的非接触型IC卡的Felica（参照第1章第5节）。最初这个IC卡的业务以垂直整合型的排他性的业务结构为目标，要使用其独立技术实现将客户锁定（建立与客户的长期合作关系）。这个IC卡具有“无线通信功能”和“数据处理功能”，内部结构是精研型，但这两个功能没有被明确地分离。到了可以看到市场扩大前景的时候，由于无线通信因国家不同利用的频率不一样，而且使用的通信方式也不同，所以把这两个功能水平分离为两个单独的模块成为必要。因此很多国家出现的能够提供独立无线通信功能的公司，实现了市场的扩大。也就是说，在垂直整合型启动的业务到了扩大的阶段，其结构应迁移到公共池型。

索尼公司的数据处理功能尽管曾经想以排他性的方式开发，但最终还是采用了开放化的方式。在商业初创时，使用独立的技术或者精研的技术以排他性的结构为目标；但和最初的设想不同，为了要使业务在多样的业务环境中展开，应在保持原有具备绝对竞争力的部分的同时，研发出能在全球市场被广泛利用的系统。

除了这种在垂直整合型引入水平方向迁移的方法以外，对监管保护型施以变化，再迁移到公共池型或者无秩序型的也有先例。2011年东日本大震灾之际，通过将记录汽车移动信息的智能交通系统（ITS：Intelligent Transport Systems）的数据整合化，出现了实时报道道路基础设施状况的可视化系统。在此之前，各汽车公司和物流业务公司，都会把在道路上移动的车辆的各种信息在线化，然后数据库化，为自己公司的顾客提供拥堵信息等，推进自家公司业务的效率化。然而，为了提供这样的服务，各个公司单独建立一个具有排他性的系统是常见的做法。尽管在技术上采用了以WIDE项目为中心的标准化的数据规范和通信方式，但各系统仍然在不相互连接的碎片化状态下运行。但是在震灾发生时，如果整合了这些公司的数据，就能够更详细地把握道路状况。幸好数据规范已被标准化并且被各个公司所利用，所以在整合这些碎片化的系统时轻松地获得了成功。

这样一来，因为政策不同而不能相互连接的系统，如果利用共同的技术，从监管保护型向公共池型或者无秩序型的移动，用非常小的作业就能够应对。因此，在任何情况下，技术方面不断突破的努力总是必要的。尽管策略不得不本地化，但至少技术要成为有透明性的东西，并应该在全球的范围内讨论。

源于协调性和开放性的新业务

在一般情况下，理论上是从图2-12的左侧（监管保护型和垂直整合型）发起业务的，但是，当今的互联网，已经形成了全球范围内的具有透明性的平台，所以从无秩序型开始也是可能的。那就是谷歌和脸书。总之，可以说在互联网展开的各种服务，都迁移于这四个领域。

互联网出现之前，信息通信系统是由各国单独建立的通信网，其运营方式是使用国际网关相互连接。在此相互连接的规则，由两个国家通过协商决定。因此，它是明确地存在着国家边界的国际网络，这也是为何称其为联邦型结构的原因（参照第1章的表1-1）。顺便说一下，这个规则参照的是由国际电信联盟（ITU：International Telecommunication Union）制定的国际标准和规则。ITU有150年以上的悠久的历史，成立于1920年的国际联盟，据说其组织结构也参考了它的标准化规则。

另一方面，如同互联网被认为是“网络的网络”那样，其结构不是联邦型，而是扁平的平台型。相互连接的自主网络，从开始就没有边界的意识。这样的在全球范围内展开的自主网络，被相互连接，建成在世界上唯一的互联网。因此，个人和组织能够在全球范围内自由地创立社区，无论是谁都能够参与或退出。在此仅遵循共同的规则，并能够提供参与多个社区的环境。然而，这样一个全球性的环境，一定会和以物理的土地边界为前提进行活动的国家（或政府）发生矛盾和摩擦。

日本电报电话公司的分割和民营化

现在，以在日本国内有代表性的社会和产业基础设施为例，从融入互联网基因的设计的观点，尝试考察一下其业务结构的演变。一个是曾经作为国营基础设施的“电信电话系统”，另一个是由垂直整合型形成的具有区域垄断业务的“电力系统”。

首先是电信电话系统。它以前作为国有企业运营，1985年《公共电气通信法》改正为《电气通信事业法》，国营的日本电报电话公司逐渐民营化，电信业务中民间企业不断加入，电话机和电话线路使用也变得自由化。如在第1章所述的那样，美国联盟通信委员会（FCC）所提倡的“网络的中立性”的几个要点，也适用于日本。

到了1987年，第二电电（KDDI）、日本电信、日本高速通信三家公司开始了长途电话服务的业务。当时，作为日本电报电话公司转让方的日本电信电话株式会社（NTT），有着压倒性的市场支配力，因而政府制定了非对称规定和禁止行为规定等。这些都是为了排除由一家企业支配市场的不健全性，基于市场竞争，鼓励新企业进入及开展新服务等。

从1984年开始，对于NTT分割的讨论经历了很长一段时间，它经历过1988年的NTT、1992年的NTTDoCoMo、1999年的NTT本体移向了由控股公司和作为长途电话公司的NTT通信以及作为区域性公司的

NTT东日本和NTT西日本，这样一系列水平分离和垂直分割的组合体制。通过把具有主导性的巨大企业按照功能和地理的观点分割，意味着降低了新公司进入市场时的障碍。另外，NTT通信线路的公平使用规定（电话机和线路使用的自由化）被推进了。这相当于美国州际通商委员会（ICC）进行了在铁道事业上的线路业务和列车服务业务的上下分离[①]。

NTT通信线路的公平使用规定，在2000年推出的e-Japan战略中被彻底实行，可以说这是使日本迅速在宽带互联网环境整合上获得成功的一个原因。

由于新规则的施行，任何人都可以作为新进入者开展业务，人们也可以选择NTT以外的运行商的服务。作为其发展，实现了现在的互联网服务事业和移动电话事业的竞争环境。

电力公司自由化的未来

下面我们看一下电力系统的变迁。在日本大多数电力公司始于一些公司的自营系统。首先各公司构筑发电系统，它们经过反复的收购和整合，出现了拥有发电、送电和配电所有业务的电力公司。换句话说，电力公司的起源不在于国家，而在于民间。最初，从自己发电然后消费这种自给自足的公司开始。然后当有多余的电力时，出现以集约化销售为目的的公司。最终，许多公司终止了低效率的自家发电系

① 美国……上下分离：参见堀雅通《铁路垂直分离和线路使用费》，来自《高崎经济大学论文集》第47卷，第1号（2004年），第45~57页。

统，转向从电力公司购买电力。

这样集约化和效率化的电力业务，可以认为和利用了互联网云环境IT系统的“工作场所外型”（Off-the-Premise）是同样的现象。和其相反的有“工作场所型”（On-the-Premise）这种现象，这是在利用用户自身的设备比利用云环境更好的情况下，所发生的回归现象。可以说同样的事在今后的电力产业也可能发生，即随着自家发电效率的提高，也许会回归到自家发电。因为，曾经的电力系统具有自主、分散、协调和双向性，不能断言现在没有那种可能。

战后，有“鬼才”之称的松永安左卫门，提倡由民间企业实现“送电和发电的一致”“多样发电源的开发”和“广域电力合作和区域独占”。其中，多样的发电源的开发，对应于互联网特点之一的“选择的提供”。而且，为了实现它，能源的抽象化和保存功能成为必要，这又和互联网的“由于数字化的抽象化”和“缓冲存储器功能”是一致的。此时此刻，能源抽象化的首选仍然是电力，其保存功能将由蓄电池来实现。

顺便说一句，对社会和产业必不可缺的电力系统在1939年作为战时体制被置于国家的管理之下。到了战后的1951年，作为民间公司的9家电力公司（之后冲绳电力成立，成为10家电力公司）形成，这一体制一直持续到现在。从20世纪60年代开始，日本的原子能发电政策被推进，国家对电力公司的影响程度迅速增加①。

经历过这样的过程，作为电力公司进行区域垄断所付出的代价，

---

① 从20世纪60年代……增加：参见加藤宽《日本再生最终劝告——用核电站即时停止开辟未来》（商业社，2013年）。

电力的稳定供应成为义务。这和在电信电话系统，尽管承认NTT东日本和NTT西日本作为区域公司存在，但是非对称管制和禁止行为管制被作为义务施行是相似的。因为这个关系，电费以“综合成本方式”来计算。采用这种特别的计算方式的原因是，战前电力企业获取了过度的利润，为了不让它再次发生，决定由国家管控电力公司业务核算的内容，控制合理的金额。但是在战后，电力的稳定供应比什么都重要，因此各电力公司向能够进行充分的设备投资的方向变化[①]。伴随设备投资的折旧和摊销也被算入了综合成本之后，零售电费也能够确保回收设备投资。而且，为了能够进行“合理的”设备投资，成立了有关的国家审查机制。

至今为止的电力公司，已经接近于在道州制的区域范围内垄断。换句话说，业务的范围比自治体大，比国家小。以前的电力系统是联盟型的网络，可以认为在体制上它与互联网出现前存在的国际电话系统相似。现在，电力行业正在朝自由化的方向，以超越地理边界的系统为目标加速前进。那时，在互联网曾发生的为了治理全球的平台这样的讨论也许会发生在电力系统之上。现有的电力公司、新的进入者、消费者还有国家作为多利益相关者应当如何进行适当合作，从而做出快速决策处理，这将是一个新的课题。

---

① 参见谷江武士《电力公司的综合成本方式和原子能发电的关联性》，刊载于《名城论业》2013年3月，第243~253页。

4 利用互联网基因设计的 7 个要素

本书将基于互联网的设计理念，建立一个社会和产业体系的行为称为“融入互联网基因的设计”。到现在为止所述的内容中，总结一下融入互联网基因的设计所具有的要素。共有以下七个。

全球唯一的网络

可以说互联网没有对于国家边界的意识，是在“全球”范围内相互连接的在地球上“唯一的网络”。

选择的提供

互联网的本质在于“选择的提供”。为此，在模块间进行接口的标准化是必要的，由于这样的技术标准化，出现了合作竞争（Co-Opetition）的状况。换句话说，就是以合作的方式创造新的市场，以公正的方式进行自由的竞争。

尊重可用的东西

为了有助于选择的提供，故意不进行技术的最优化，使系统保持能够引入多样模块的环境。此外，虽然要“尊重可用的东西”，但有意识地继续进行系统创新设计是必要的。像在第1章第4节所述的那样，借鉴混沌理论的初始值敏锐性（或者轨道不稳定性），不从一开始就精确地设计整个系统，而是在启动或运行中依次加以修正，使其灵活地应对于环境的变化。

尽力而为和终端到终端

基于“尽力而为”的服务提供，尽管不保证质量，但是可以实现持续改善质量的生态系统。最终保障服务质量和功能的责任在于各终端的计算机，也就是说是由各终端计算机实现的（“终端到终端”）。由于这个原因，在整体结构上，位于网络上的设备仅承担单纯的传送功能，实现整个系统低成本化和大规模化。尤其为了大规模化，这个“尽力而为”的想法是必需的。

透明性

在互联网中自由地发送信息是由匿名性保证的，其内容的加工不在传输的路径上进行，具有“透明性”的特征。因此出现不限制使用者（用户）和使用方法（应用）的基础设施，并如在第1章第7节所述的那样，实现“持续的发展”“非常时期的耐性”及“多元文化的创造”。

社会性和合作

使每个人都可以自由地使用、自由地进行创新活动的正是互联网的环境。这样的特性可以被称为“社会性”。并且，通过不限制用户和应用，可以向系统不断地投入新的要素。其结果是，个人的自主投资使整个社会的系统有所改善，同时个人能够享受的功能与服务也增加了，也就是说“正反馈”成立。这样的“协作”，将同时实现个人和社会的利益。

独立性、自主性和分散性

互联网因为引入了把信息暂时保存的缓冲存储器功能[①]，所以整个系统进行协调和处理信号的时间同步性就几乎没有必要了。由于这个非同步，实现了以下三个功能：（1）自身系统不被外部系统影响的“独立性”；（2）可以决定自身系统构成和控制的“自主性”；（3）尽管各个系统存在于很广的范围中，但可以自由地相互连接的“分散性”。

---

① 缓冲存储器功能：老一代利用电路交换方式的电话交换机系统，作为完全同步的网络被构筑于各个国家，因为和缓冲存储器功能一起的非同步性被引入，使其发生了向独立、自主和分布方向发展的变革。同样的事情现在也正发生在电力系统中，缓冲存储器功能（蓄电功能）同时在供给侧和需要侧被引入。再加上小规模发电使能源系统的成本急剧减小，更促进了独立性、自主性和分散性的发展。把发电功能从城市移除这种颠覆至今为止的常识的电力供给系统，正在成为可能。

融入互联网基因的设计观念，在一些领域的基础设施已经被独立地实践了。例如，建筑行业广为知晓的“骨架和填充”这种系统结构（参见第5章）就是一例。在此，由于构成要素被模块化，并且系统的开放化可以更换模块，所以成为了不限制使用者和使用方法的设计，故可看成是融入了互联网基因的设计。

此外，在运输和交通这样的城市基础设施中，基于融入互联网基因的设计，将其以相互连接每个系统的方式进行网络化，就能构筑在全球范围内相互支援的独立自主、分布和协调的系统。如果企业和组织向自营的基础设施投资，由于有相互提供服务的关系，故全球性的整个基础设施就都能获益。然后作为结果，又反馈回来使自营的基础设施获益。由于这样的性质，自主投资的欲望就更多地被激发出来，从而也加快了基础设施整体的发展。我们现在正在迎来一个时代，能够创造出具有这样社会性的基础设施。

第 4 章

重新理解安全和隐私

1 安全和安全保障

在本章，基于融入互联网基因的设计理念来探讨安全和隐私。在考虑安全和隐私的对策时，往往会想到这些对策可能会对我们的社会与产业活动加以限制，将其引向萎缩的方向。然而，如果基于融入互联网基因的设计的观点，我们会明白，安全、隐私和实现创新的持续有关，是为了让参加者自觉地进行具有主体性的决策，是形成共识的治理机制。

安全措施和业务的关系

听到安全措施，大家会浮想出什么样的情景？在工作方面，尽管麻烦且低效，如果不执行安全措施，监管部门会发脾气，所以不情愿也得做……许多人也许会唤起这样消极的想象。或者，可以把安全措施比喻成纪律委员。纪律委员总是巡查大家是否按照规定穿着工作服，是否有违规行为。如果不遵守要被严重地警告。因为这个原因，大家会感到窒息……我想很多人都觉得所谓安全措施就是如此。

然而，这些消极的印象，不过是从一个方面的理解。对于安全措施，我希望从两个方面理解它，既有"好的"方面，也有"坏的"方面。"坏的"安全措施，倾向于"忍耐、没有效率、生产减少"的方向。这将导致如前所述那样消极的想象。另一方面，"好的"安全措施提供的是"畅快、效率化、生产增加"这种积极的印象。而且，这个积极的印象成为融入互联网基因的设计的重要因素。

事实上，安全措施也具有类似于道德方面的属性。尽管遵守道德本身是好事，但是很难和利益挂钩。于是追求利益的组织，只要不发生问题，在安全措施上就想偷懒。为了解决这个问题，如同涩泽荣一在《论语和算盘》中倡导的那样，创意地形成道德和业务的双赢关系是非常必要的。换句话说，安全措施和业务要形成积极的螺旋向上的关系。

那么，为了把安全措施带到一个积极的方向，如何去建立它和业务的良好关系？实现这种良好关系的构造怎样才能成立？考虑到这几点，我们必须持续关注和互联网有关的活动。下文将给出我对于安全的理解。

“安全”和“安心”

如果在互联网的百科全书维基百科上检索“安全”，可以得到如下的内容：

安全：保安的工作。指的是防止犯罪和事故发生的整个防范体系。

如果进一步查阅“保安”，可以得到如下的说明：

保安：就是从危险中保护身体及财产，维持安全的状态，大致分为防灾和防范。前者主要是针对偶然的事故和天灾，后者主要是针对有恶意的个人或团体的犯罪。

与“安全”类似的词还有“安心”。尽管经常把二者连在一起称为“安全安心”，但这两个词有什么不同呢？2004年文部科学省整理的《关于有助于构筑安全安心的社会的科学技术政策座谈会》[①]报告

---

① 此处摘自“第2章 安全安心的社会的概念”，2004年4月。参见http：//www.mext.go.jp/a_menu/kagaku/anzen/houkoku/04042302/1242079.htm。

书中，有以下的定义：

安全：能够客观地判断对人以及集体没有造成伤害，同时对人、组织、公共所有物没有造成损害的状态。在此说的“所有物”，也包含无形的东西。人们不可能预测到在世间即将发生的所有事件，安全受到突发事件威胁的可能性总是存在的。所以，安全就是把危机和风险化为最小，让社会能够接受的状态。同时，持续地关注社会发展，根据情况改变社会的风险接受程度是必要的。越是试图增加安全、方便性和经济效益，个人行为的自由等就越受到限制，有隐私受到损害的可能性。因此，在提高安全性之际，有必要考虑安全和自由的负相关关系。然而，为了实现更高水准的安全，必须突破安全和自由的负相关限制，继续努力让安全、自由以及隐私得到兼顾是最重要的。

安心：安心高度依赖于个人的主观判断。本座谈会关于安心，给出以下的观点：人们相信自己通过知识与经验预测的情况和实际情况不会有很大不同，相信自己没有预想到的事情不会发生，或即使有什么发生也是可以接受的。同时，作为能让人们安心的前提，安保的担任者和人们之间形成信任是必要的。

综上所述，安全指的是通过客观判断而确立的没有损伤或损害的状态。这相当于在第1章所述的以电话为代表的“保证型服务”。换句话说，这是一个对预先设置提供质量保证的服务。通过客观的服务质量的提示，才能对安全状态进行确认。

另一方面，安心是主观的，指的是相信实情不会和预测有很大的不同，即使有也是可以接受的。这可以解释为互联网的“尽力而为”型的服务。不强加应该作为目标的服务质量，只需要提供“最大限度的努力”就可以，作为结果，既能给提供者本身带来好处，又能使质量更高的服务被维持。这个基于对提供者的信任而成立的服务，可以说和安心有着极其接近的想法。

安全措施的五个特性

根据这样的假设，为了进行如何实现“安全与安心”这个讨论，有必要重新确认安全措施本身具有如下特性：

（1）安全无法确保。

在大多数情况下，不能期待安全措施万无一失。无论如何，总有在一定概率下将发生的事件。问题是，与其考虑如何让事件发生时的损害变小，不如考虑如何让损害停留在关系者能够容忍的范围内。

具体地说有如下三点：让事件发生的概率变小、让事件造成的损害变小、让事件的影响（二次灾害）变小。

（2）大部分事件是内部人员造成的。

一般情况下，大家倾向于强调外来非法侵入者造成的损害的严重性和应对措施，其实作为现实，比起来自外部攻击的损害，由内部人员引发的安全事件也非常多。因此对组织内部人员进行安全教育和施行严格的措施同样重要。美国的某个调查显示，企业信息通信未经授权访问的，70%以上都是源于组织内部的问题，对此有相关的报告可以参考。

（3）需要投资组合的思考。

事件的发生率可以下降，但不能为零。因此，考虑到事件会以一定概率发生的前提下，思考如何运用系统是必要的。顺便说一下，在制造公司等，因为把工作场所内的事故发生率控制到零事实上是不可能的，所以尽管把事故的零发生作为目标，但同时也要施行使事件发生时损害最小化的措施（如安全健康活动等）。

基本的措施有两个：事件的预防措施、事件的处理方法。在后者存在着如下两个方面："事前对事件发生时的应对方法的周知化和手册化"和"事后对事件的具体应对"。把施行这些措施时的成本，和不施行时造成的损害量的"期待值"在投资组合里评估，确定一个合理的处理方法是必要的。

作为投资组合评估的例子，此处提到的是发生在2001年的"红色代码"（Code Red）蠕虫。尽管是针对微软公司IIS服务的攻击事件，但韩国遭受的损害却非常大。据说这起因于微软Windows在韩国盗版较多。在日本、欧洲和美国，非法复制的比例小，安全修补程序（软件有欠缺时发布的应对程序）得到了广泛应用，相比之下损害总数较少。所以，忽视对预防措施（安全补丁）的投资，大量事件发生时，会造成了受害总额很大的后果。

另一方面，近期的保险业务已经采纳了投资组合的想法。例如，人寿保险公司为了降低保险的开支，会建议保险人改善健康状况。另外，当保险认购时，如果保险支出（事件发生的概率和损害总额的乘积）的预期值较大，就将保险金设置为获得难度高，如果预期值超过了基准，将拒绝保险的申请。

（4）操作性和安全性的平衡。

通常在用户的工作中，安全措施的实施会使操作变得复杂，从而导致工作效率降低。而且由于效率的降低将导致收入的减少，这被认为是安全措施必要的成本。总之，要把安全措施严格到什么程度，必须考虑到和效率降低的平衡。

（5）全球化和国家限制的矛盾。

在安全措施中，有些法律有对企业和个人有强制性的要求。因为法律在每个国家是不同的，在全球范围内交换数字信息的计算机网络（特别是互联网），必须用横跨各国规则的方式施行安全措施，实现系统的优化。同时，对数据进行加密的软件的进出口，涉及国家安全保障，在大多数情况下管理的标准也因国家而不同。也就是说，在安全的级别和相关政策上，无法一致，不能被全球化的内容是存在的。

正如前面提到的，安心与互联网的尽力而为的服务有相似之处。在互联网上，IP数据包的传送服务没有对质量的客观目标值，通过尽力而为的方式提供。然而，通过适当的竞争，就能够达到用户可接受的质量的服务，而且服务质量将根据技术的进步而随时地变化。因此，客户对供应商的信赖被维持，供应商也给用户带来安心的状态。

这种状态也适用于安全。现实中，为了让风险的安全级别能够被社会接受，系统有关人员应尽力而为。与此同时，通过系统有关人员和用户进行交流得知，用户可以接受的安全级别会因时因情而发生变化。换句话说，安全级别不是被永久地决定的，而是沿着尽力而为的方向，以竞争环境为杠杆动态地设置。由此，用户的安心也能得到更好的保障。

安全措施的两个目的

所谓安全措施，可以说就是能提供一个安全、安心的环境。但是，这确实是真正的目的吗？安全措施所带来的安全与安心，具体想实现什么样的状态？为了清楚起见，以下讲述公司的安全。但是，这并不限定于公司，也适用于政府和社区等所有组织。关于公司的安全措施的目的，可以归结到以下两点：

（1）公司业务的延续：即使发生事故，也能使公司的业务继续；

（2）公司业务的发展：使企业发展成为可能。

作为第一个目的提出的“业务的延续”几乎没有必要说明，就是要很好地进行事故的预防和采取措施。然而，什么是作为第二个目的的“业务的发展”呢？为了使公司发展，要求产生持续的创新。要做到这一点，必须鼓励有创新可能性的行为。而提供这样的环境，也是安全措施的目的之一。然而，仅仅这样说可能不太有说服力。

在此以暗号化为例。加密是使通信和电子文件的内容不被别人读取的一种技术。通过加密可以保护内容，即使事故发生，诸如在通信的接收地址上出错，或者把电子文件忘记在什么地方，仍可以保证不会向他人泄漏信息。这符合安全措施第一个目的。

另一方面，如果内容不被加密，当和外部进行通信或把电子文件带到公司以外的地方的时候，会产生各种忧虑和约束。在极端情况下，为了防止事故的发生，甚至会从一开始就有不和外部通信的想法。换句话说，为了避免事故的发生，其结果是公司或组织成员的活动趋向萎缩。对此在可以加密的环境，事故发生的频率就变得非常小，公司的员工并不需要担心，可以无忧无虑地工作。这样一来生产性就提高了，进一步产生前所未有的业务创新的可能性也就增大了。安全措施不仅能提供人们工作的方便性，也有助于提高工作的欲望。因此，它要实现的第二个目的是“公司的发展”。

安全的经济原理

接下来，探讨一下安全措施和经济原则之间的关系。企业的安全措施，不仅是为了提供安全与安心的环境，也以业务的延续和发展为目的。然而，在现实中，为了业务延续的安全措施被难题困扰着。因为它不具有为了业务发展而贡献新收入的可能性，因此，比起获得新收入，更看重的是安全措施在事故发生时，如何将支出抑制到很小。这很难成为积极的投资对象。特别在当不发生事故的时候，为了保证业务延续的安全投资往往就成为削减的对象。此类安全措施因为以下原因逐渐地被轻视，诸如“平常时是妨碍者”“如果在没有事故期间持续非常不需要”以及“即使偷懒在收益上也没有变化”等。

另一方面，在以企业发展为目的的安全措施中，也有一些措施对创新有积极的推动作用，但是，如果成功的创造活动显现不出来，结果也会导致这方面投资的积极性下降。

所以在现实的商业环境中施行安全性措施很不容易。在江户时代，因为成功重建了许多地方财政而有名的二宫尊德，留下了下面的话:

“忘记了道德的经济是罪恶，忘记了经济的道德是梦呓”。

在此，把“道德”换为“安全措施”，把“经济”换为“公司经营”，就成为“不施行安全措施的公司经营不能生存，对公司经营没有贡献的安全措施没有意义”。在考虑安全措施和经济原则之间的关系方面，我认为，这是富含启发性的见解。

如果安全措施不仅能够在非常时期，即使在平时也能贡献于公司经营，安全投资就会被积极地施行。因此，在基于融入互联网基因的设计的想法的同时，难道不能实施适当的安全措施？也许这种安全措施无论在非常时期还是在平时基本上是相同的，但能够用于多样的目的，构成一个提供积极影响的系统。此外，把安全措施应用于提高利益的挑战也成为可能。如果可以实现最大限度活用这样观点的措施，结果就是，既能在服务和产品的提供上改善质量和效率性，又有利于公司扩大。

例如，如果不实施安全措施，在工作场所内各种各样的事故发生频率首先会增加。然后，在进行事故的处理时，正常业务的停止会经常发生。还有在恢复业务时，因为系统不是在稳定状态下，所以质量下降的可能性也会提高。要想恢复到发生事故前的状态，成本甚至更大。最终，这些业务的功能低下会导致市场竞争力的减弱。

但是，基于融入互联网基因的设计的想法，再来考虑实施合理的安全措施，情况是不同的。降低职场内事故发生的数量，就是保证业务的延续性。不仅如此，业务功能（服务和产品的质量和效率）的改进也会实现。其结果是，它将贡献于公司的发展。因此，合理的安全措施的实施，可以说是为了公司扩张的长期投资。

如果这样考虑，在企业和组织施行安全措施的目的，就是在“业务的延续”和“业务的发展”这两点之上，再加上“业务的改进”：

（1）业务的延续：即使发生事故，使业务的继续成为可能；

（2）业务的改进：使业务的功能（质量和效率）改善成为可能；

（3）业务的发展：使业务发展成为可能。

如果把这些整理成图，它将是图4-1。随着这三个目的的实现，将形成业务利益率上升的机制。

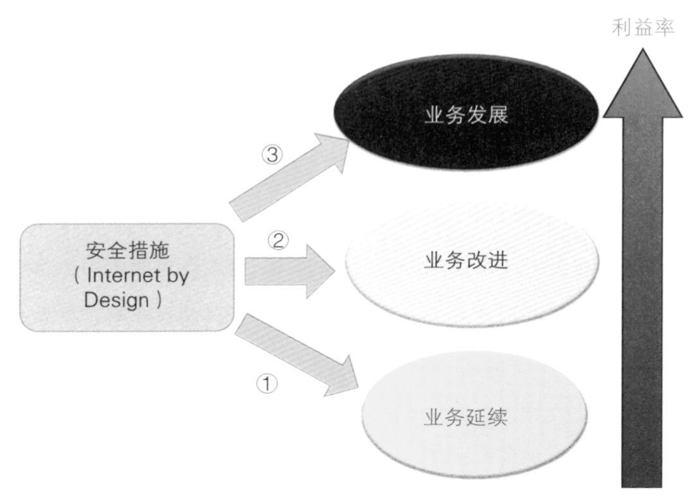

图4-1 安全措施的经济意义

2 围绕知识产权的安全

科技无善恶，应该是中立的

在融入互联网基因的设计的要素中，有“透明性”和“端到端”。由于这些要素渗透到各个角落，创建的是不限制使用者（用户）和使用方法（应用）的系统。在此，因为新用户和新方法被持续地投入，在帮助确保创造性方面具有非常大的意义。然而，不限制使用者和使用方法也是不能保护秩序的极大的危险因素。这样的矛盾，引发技术既有好的一面又有坏的一面的作为双刃剑的讨论。

在善恶的价值观上，我认为技术应该是中立的。为了只应用好的一面，不让恶的一面实现过多，适度的对策是重要的。如果要完全限制坏的一面，结果将会禁止技术本身的使用。但是如果技术有实用性，恐怕就会出现通过黑市等方法得到它的人。这时很多人会认为“应该让发现和发明技术的人负责任”。但是，如果支持这个意见，研究人员和技术人员面对新的挑战将会失去勇气。

因此，社会承认“发现和发明在善恶上具有中立性”，也对恶的方面采取适当的对策。对于研究人员和技术人员，要充分考虑发现和发明所具有的负面的影响，也就是说要有伦理观。而且，相关的教育也变得越来越重要。

在互联网领域，日本曾积极地开展过关于“发现和发明在善恶上具有中立性”的讨论。起因是21世纪初发生的Winny[①]事件。Winny是金子勇在东京大学研究生院担任信息科学与技术助理时研究和开发的软件，因为该软件有帮助侵权的嫌疑，金子勇被起诉并逮捕。2011年12月19日，金子勇由最高裁判所第三小法庭判定为无罪。

2008年我通过NPO法人宽带协会发布了包括Winny在内的关于对等网络技术的基本建议书[②]。此事是为了维护对等网络技术的“技术

---

① Winny：在Microsoft Windows运行的利用对等网络技术的文件共享软件。

② 关于对等网络技术的基本建议书：NPO法人宽带协会P2P相关问题研究会《P2P基本提案》（2008年9月18日）。参见http://www.npo-ba.org/public/20080918p.pdf。

中立性”，由我和相关人员一起协作而成。对等网络技术有各种各样的可能性，它对今后互联网的发展至关重要，虽然说存在着不好的一面，但我主张不应该单方面限制和排斥。

对双刃剑的应对方法

研究人员和技术人员所追求的是有意识地不让发现和发明被恶意利用，如果明显地被恶用了，要尽可能地应对使其影响变小。因为发现和发明是一把双刃剑，它不能完全防止出现坏的一面。另一方面，新的发现和发明有时还可以用于当初没有预想的目的。如同梅尔文·克兰茨贝格的第二定律所说的那样，“需要不是发明之母，发明是需要之母”。

在此前提下，必须考虑保证发现和发明的创新。换句话说，根据发现和发明的中立性，让研究人员和技术人员有持续挑战的欲望。做风险管理，也不要忘记“为了保证创新的安全”这个理念。

有关版权和专利的安全措施

在社会中，由于安全和安心的环境激活人们活动的事情有很多。尽管乍一看不一定清楚，但还是和安全有关系。例如，和知识产权有关的权利，即版权和专利权。下面来详细说明。

（1）版权

现在，为了保护出版物版权的国际惯例，往往是基于发布于1884

年的伯尔尼公约。然而，首次在法律上定义版权的被认为是1710年颁布的英国的《安妮女王法令》。这个时候的版权期限为14年，之后便把书的复制权归属于作者和书的购买者，以“促进学问的推广”。

之后，伴随着唱片、电影、电视、CD以及其他面向互联网进行信息传递的媒体的进化，关于版权的想法也发生了相应的变化。现在可以行使著作权的期限越来越长，而且由于著作使用时发生费用巨大，实际上已经不能使用的情况也不少。

然而，版权本来的目的，不是在于“限制”著作的利用，而是在于“推广”。作者把著作物奉献给世界上的读者，然后著作流通，增加了被很多人阅读的机会，结果就达到了促进新创作的目的。在版权方面，由于不适当的权利行使，反而会限制著作的流通，这一点很重要。因此，适度的版权运用才能成为著作物的安全措施。日本《版权法》的第一条记述如下：

第一条　该法律规定关于出版物及演出、唱片、放送、有线广播的作者的权利以及与此相关的权利，使这些文化作品被公正利用，实现作者权利的保护，促进文化的发展。

在此，“实现作者权利的保护”，是以“促进文化的发展”作为目的。

立足于同样的想法，出现了创作共享（Creative Commons）。这是为了让数字化作品作为共享资源能够被利用，以作品的流通和创作的促进为目标的项目。美国的宪政学者劳伦斯·莱斯格作为中心代表正在运营它。此外，有意图地规避由知识产权所保护的部分，把剩下的部分向公众开放，支援各种各样的创作活动，产生了“创作共享许可”这种机制。

（2）专利权

专利权也被称为“工业产权”。专利权的概念，起源于中世纪的专利证。当时，国王将专利证作为奖励和福利发放，赋予接受者垄断商业和工业的权利，或者排他性地使用发明的权利。然而，由于这是被权力者随意地决定的，反而强化了信息的封闭性，使产生发明的可能性显著减少。文艺复兴时期，对发明者本人，仅在一段时期赋予其能够垄断地使用发明的权利。从而，发明的内容在世上能够被广泛地公开，共享的推进又进一步促进了发明，在这样的情况下，确立了新的专利的定义。该思想一直持续到现代专利制度。这种也体现在日本的《专利法》的第一条：

第一条　该法律通过实现发明的保护和使用，以鼓励发明，并以有助于产业的发展为目的。

如同在此可以看到的那样，因为是以实现发明的“利用”为目的，所以独家地使用发明，令其使用受到限制或禁止的行为是违反法律精神的。此外，在“保护发明”的前提下，提倡的主旨是公开它的内容，促进新的发明。

这和学术论文是相通的。学术论文的专利权也是为了让人们广泛地承认学术论文的独创性，促进它的内容的传播，以贡献于新的发明。在此，由于有专利权被不当使用的可能性，故发明不被独占限制是必要的，可以说这是关于专利权的安全措施。

虽然这么说，还存在关于专利权的安全特性没有得到充分履行的情况。IT行业的知识产权，特别是对于软件专利权，微软的创始人比尔·盖茨，有一个引人注目的发言[①]。

（1）发明人如果知道今天专利的使用方法，并自己获得了专利，那现在的这个行业（IT行业）一定完全无路可走了。

（2）我们应该采取的策略，就是尽可能地取得专利。没有自己专利的新兴企业，先行的巨头提出不合理的价格要求时也不得不被迫支付。而且价格一定很高。已经建立了市场地位的公司，有理由排除未来的竞争对手。

在这种情况下，“已经建立了市场地位的公司”“排除未来的竞争对手”是被积极地承认的。另外，如果不是这样，就没有微软的崛起。

类似的事情也适用于迪士尼公司。该公司曾经将剧院的内容制作成电影，把被公平使用（不侵犯版权的公正使用）的作品和被公共领域化（处于无版权的状态）的古老童话（如格林童话等）电影化，从而在商业上走向成功。然后电影和人物的版权产生，该公司会在美国国会进行游说，将版权逐渐地延长。现在据说已经有了这样一种说法，“沃尔特·迪士尼对格林童话所做之事，谁也无法施之于迪士尼公司”[②]。

以这种方式，在知识产权方面，虽然期待著作权和专利能保障成果不被妨碍地运用，但与期待相反，事实上很多成果在由一部分企业垄断。但是我认为，基于融入互联网基因的设计观念，如果社会和产业系统有了很大的发展，那么无论是知识产权，还是激发人们活动的安全措施，都将被实现。

---

① 参见Lawrence Lessing，“Free Culture”，OSCON2002。http://randomfoo.net/socon/2002/lessing/free.html。

② 参见Lawrence Lessing，“Free Culture”，OSCON2002。http://randomfoo.net/socon/2002/lessing/free.html。

知识产权与公共场所

图4-2表示了和知识产权有关的个人和社会之间的关系。关于版权和专利等知识产权的法律用意在于，不是将个人的思考和发明封闭于有限的人，而是利用在公共场合，再向个人反馈，刺激新的创造。换句话说，这是“私人”和“公共场所”之间的互联互通。如果担心在公共场所公开的风险，以过度严苛的规则缩小交流的机会，就会形成创作可能性低下的结果。另一方面，当交流过于广泛，也许个人利益受损害的可能性就会变高。为此，在一定的时期保护个人利益就成为版权法和专利法成立的理由。

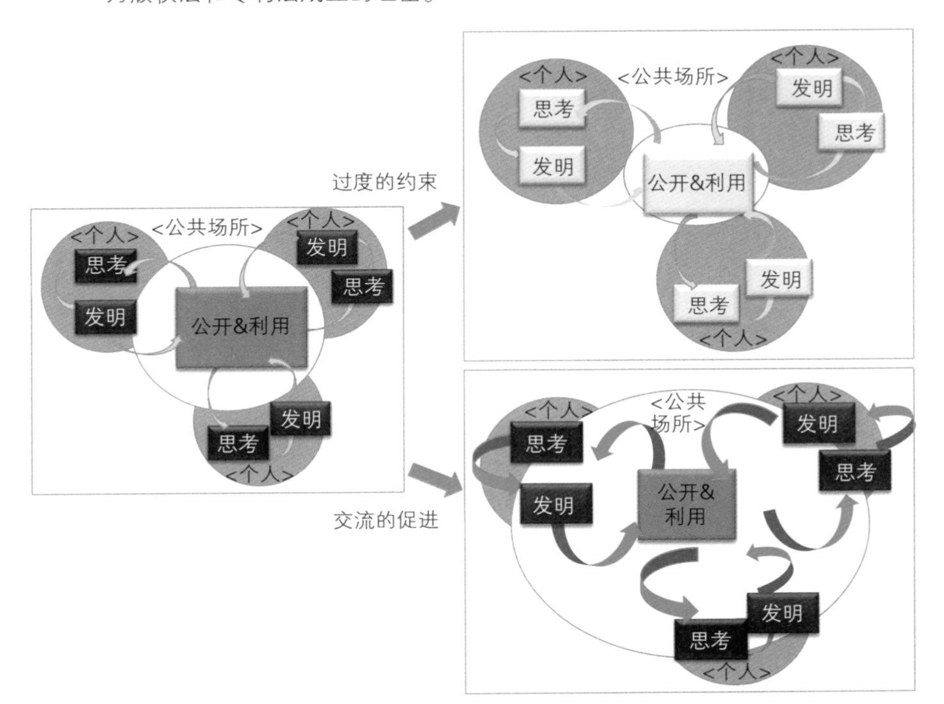

图4-2　关于知识产权的个人与公共场所

一直到互联网出现之前，分享个人思考和发明的公共场所还封闭于商业和学术的领域，形成了专业性高、密度大的信息空间。总之，在领域内信息共享被进行，在领域外信息处于碎片化的状态。然而，建立在互联网上的万维网系统出现后，数字信息被放置在同一个平台上，至今为止被分离的信息空间经过整合成为地球上唯一的一个整体。此后，如同“领域融合”和“跨学科研究所描述的”那样，在不同商业和学术领域之间，信息的相互作用正在急速进展。在未来，和至今为止不同的想法和发明将被展开。

这使得不发生相互作用的子系统被整合，从而使额外开销（间接费用）减少，通过在全球范围内共享信息，生成创新的环境。它被称为“开放的创新环境”，这正是The Internet的形成过程。

3 风险管理的安全

“不过于严厉的监管”的安全

在市场中“过于严厉的监管”，不仅使实现它的成本增高，而且导致黑市产生。因此，为了实现安全与安心，我们认为应该选择“不过于严厉的监管”，故意地让系统具有“余地”和“空隙”。

1920年至1933年在美国施行的禁酒法，就是“过于严厉的监管”的典例。由于有一定程度的喝酒欲求，把它全面禁止，结果是形成了黑市。

在另一方面，作为“不过于严厉的监管”，要提到荷兰的麻药治理。在荷兰麻药的大量交易是被禁止的，但个人在上限量之内，是可以购买的。由于这是个人使用，属于自己负责。其结果是，荷兰高品质的麻药可以进行交易，听说黑市也非常小。此外，葡萄牙在2001年把麻药非犯罪化（持有一定量以下的麻药，不被看成是毒贩，不能成为刑事处罚的对象），而且通过对使用麻药的人进行医疗上的支援，也使药品量大幅减少。这是考虑到刑事处罚对社会的影响而制定的，这就是对使用者不给予惩罚，而是促使其戒毒，仅惩罚恶意的毒品经销商。

类似的故事，出现在司马辽太郎的《项羽和刘邦》[①]。一个叫曹参的人将齐国丞相职位交接给后任的时候，传授说“只有监狱和市场是政治的根本”。曹参的想法是，监狱和市场是同时接受善恶的地方，“当政者对善恶如果过于严格，反而会使情况恶化”。因为在世上一定有恶棍这种人，可以灵活地包容他们。虽然这些恶棍是法律或市场管理的对象，但管理过于严格的话，这些恶棍就难于存活在世上，就一定会引起动荡，损害国家本体。这就是说监狱和市场是政治根本的道理。

“不自我封闭”的安全

此外，“过于严厉的监管”提供了一个“过于安全”的环境。在

① 《项羽和刘邦》：司马辽太郎《项羽和刘邦》（上卷，新潮文库）。

那样的环境下活动的人们，恐怕应对环境变化的能力就减弱了。在几乎不受外来影响的环境，人们倾向于认为安全措施是不必要的。其结果是，事故发生的时候不能适当应对，不能继续生存。于是为了让人们作为一个物种能够继续下去，有必要故意地建立一个由“不过于严厉的监管”而形成的“不太安全”的环境。这和融入互联网基因的设计的重要特性之一的“选择的提供”所带来的多样性的确保是相通的。

此外，过于严格的规定，会提供一个过于安全的环境，助长组织中的个人的“自我封闭”，具有妨碍宝贵的经验和知识共享的可能性。例如，因为公司和组织关注声誉，在那里发生的不名誉的事实不希望被外部知悉。然而，因为隐藏了公司和机构内部的丑闻，如同大家所知，使事态进一步恶化的例子有很多。

事实上，把发生了的事实和外部的人和组织分享，出现的问题反而会加快解决。共享使很多人和组织的讨论以及从专家观点出发的讨论成为可能。显而易见，共享失败经验和方法，有助于事件本身的减少以及事件发生时损害的降低。此外，如果共享关于公司和机构认为的有损名誉的事件的信息，会促使整个社会抑制同类事件的再次发生。这些与谚语“问一下是一时的耻辱，不问是一生的耻辱”是相通的。因此拿出勇气“不自我封闭”会有助于安全措施质量的提高。在融入互联网基因的设计中，就是保证“透明性”。

4 隐私的全球化意识

关于隐私的5W1H

在互联网或在以开放数据为前提的社会中，和安全措施等同，保护隐私是一个重要的问题。在字典中查找“隐私”，显示的意思是“（不受他人干扰的）私人生活、秘密、保密、隐居”。但是，应当被保密的事情是什么，不许他人干涉的事情是什么，这些都是主观性的，没有一致的标准。此外，即使是同一个人和组织，其隐私也将随着时间推移而变化。或许类似于对“性骚扰”的定义，即使是同样的话，谁对谁错，在什么样的状况下错，都可以有不同的解释。

因此，为了设计如何保护隐私的措施，不能设置共同的基准，只能用5W1H（Who/Whom，When，Where，Why，What，How）来处理。这是个人的问题，须根据具体的情况来考虑对应的方式。

在信息通信系统中嵌入隐私保护措施的时候，下面的七项原则正在成为全球共识。可称其为“融入隐私基因的设计”[①]：

（1）不是被动（事后）而是积极主动（事前）：隐私保护不是一个事后措施，而是要在问题发生前防止；

（2）用默认的设置保护隐私：为了保护个人信息，隐私保护措施以默认的方式被嵌入到系统之中；

---

① 融入隐私基因的设计：参照安妮《融入隐私基因的设计》（日经BP出版社，2012年）。

（3）在设计时嵌入隐私保护措施：隐私保护措施在设计时已经内置到系统之中；

（4）双赢而不是单赢：不是一个单赢的方式，用双赢的方式对应于所有的合法权益；

（5）端到端的隐私保护措施：为了保护隐私，所需要的措施，不实施在通信路径上，仅实施在终端用户的设备上；

（6）可视化和透明度：对于隐私保护的策略、方法等所有的内容要让用户知道；

（7）尊重个人隐私：以个人为中心，必须保障个人的利益。

关于安全措施，讲述了不是以消极而是以积极的效果为目的，可以说在隐私保护措施上也是同样的。换句话说，尽可能地不限制，在问题发生了的场合，再作为个别情况加以限制（选择退出）。这个方针重要的是，对于人们的活动给予往前看的鼓励，从而建立能够引起创新的治理体系。

谁应该做过滤?

互联网已经设置了一个称为“过滤”的功能。如果内容有可能对用户造成危险或伤害，“过滤”担负着将它事先排除的作用。哪些内容会带来危险或伤害，和隐私保护一样，不可能有一个一致的标准。

例如，“虐待儿童”等对社会有害的事情在法律上已被定义，不仅是个人，作为公共组织也应该实施过滤将其排除，有些已经作为共识成立。但是，即使如此仍然存在一些问题。首先，决定它有害的绝对的判断标准不是一件容易的事，还有，不能过度地过滤，有时是故意的，有时只是偶然的。

第一个问题从2000年公布的《有害于青少年的社会环境对策基本法》的例子来看是明显的（尽管该法案已提交给国会，审议没有结束就是废案）。也许根据年龄定义“青少年”的意见占多数，但如果从心理年龄来看，每个人之间的差别很大也是事实。此外，判断哪个信息是有害的也高度依赖于个人与家庭的周边环境。

最初对所有的个人，用同样的标准使用过滤算法本身，有人担心会导致社会多样性的降低。此外，指导不具备适当判断能力的青少年，似乎本来是父母的权利和义务。因此，这样的同样标准的过滤，也可以被认为是作为第三者的国家（或政府机构）强制性地剥夺了重要的父母的权利和义务。

作为结论，可以论述如下。关于过滤，由平台来施行是不恰当的，应该在用户的责任下进行。然而，向可信任的第三方委托过滤之事，在用户的责任范围内是可行的。这正是端到端的思维方式。

5 物联网时代的安全和隐私

21世纪社会和产业基础设施的安全

21世纪，互联网会如预想般冲破网络空间的外壳向真实空间融合。它是互联网与物相互作用的IP for Everything或者Internet of Things（IoT）的世界。所有的社会和工业基础设施相互连接，使用云计算管理和控制大数据的处理和分析。在通向它的过程中，至今为止还没有被连接到互联网的社会和工业基础设施，以在线化为前提被建设的。这就是，具有安全性的基础设施设计成为重要课题的原因。

2014年，从事互联网技术标准化作业的IETF（Internet Engineering Task Force）及其相关机构IAB（Internet Architecture Board）发表了引起人们注意的宣言。其宗旨是未来互联网的技术规格，具备安全功能是必要的条件。安全的必要性正越来越被认可。

此外，过去的社会和产业基础设施，在灾害发生的非常时期进行操作时，几乎都必须由人来介入。然而，越是这时候担当者对操作的执行越不安，结果造成失误的事故不在少数。另一方面，在2011年东日本大地震的时候，由于互联网的管理控制是通过程序自动地运行，服务的提供被维持了下来。非常时期的操作也被自动化，使互联网的持续运行更切实可靠。

在真正的物联网时代，没有人的判断和操作介入的通过程序进行的控制成为基本，那样运行的基础设施将占据主导地位。这是考虑安全基础设施设计的一种方法。

"我想做的"安全和隐私的措施

根据前文所述，在此整理一下关于安全性和隐私保护的内容。首先，两者都具有作为互联网基本原则的"全球的视点"，即是每个国家和组织都需要考虑的措施。

安全方面，知识产权的观点尤其不可或缺。版权和专利的保护条件的根本，是为了使人们积极地活动，在公共场合共享和利用资源。此外，如果从安全性的初衷考虑，也要避开“过于严格的监管”，因为那将会剥夺个人和组织的活动的多样性。相反，如果应用“不过于严格的监管”，由于在此产生柔性措施，所以在企业发展方面，将会产生积极的影响。

此外，应该强调的是，为了实施安全和隐私的保护对策，不能觉得是“被强迫做的”，而是“自己希望做的”。如果使用别的说法，就是要实现双赢。而基于在网络的“端到端”和“透明性”的想法，应该由自己负责地来进行选择和判断。

可以说上述环境的提供，将为社会和产业基础设施的扩展创新带来可能性。而且，人们可以看到，这样的关于安全和隐私保护的想法，本身就是融入互联网基因的设计的标志。

第 5 章

基于互联网的基础设施设计

1 转向社会和产业基础设施的智能化

在前面的章节中，围绕融入互联网基因的设计，讲述了在这个背景下的互联网的架构和技术的本质，与社会、经济的关联性，还有对安全和隐私保护的理解。在本章中，将介绍融入互联网基因的设计理念是如何运用于社会产业基础设施建设之中的。

以构筑积极的生态系统为目标

先进国家正在利用互联网进行智能建筑的建设。在此所说的“智能”，意味着处在“舒适、高性能、高效率的状态”，如果用另外的词语表示，也可以称之为“绿色IT制定”。这个措施通过向社会和产业基础设施推进IT技术的运用，削减由于各种活动而产生的二氧化碳的排放量。为了减少二氧化碳的排放量，必须在任何情况下省电和节能。例如，由于建筑物运营费的三到四成是电费，如果能够减少用电，减排效果会相当显著。而且，以前的建筑业是通过各个供应商的独立技术而形成的垂直整合型的商业模式，但是在这里一旦导入互联网的架构和技术，就有可能在建筑行业形成一场IT革命。

然而，对于省电和节能，往往趋向于让人往“忍受、效率低下、生产率下降”的方向联想，说起来和安全措施类似。然而，这不是一种感知节能系统的好方法，相反要成为良好的节能系统，就必须与“自主、高效、生产率的提高”这些关键字结合起来。否则，很难让这种有益的事业持续发展（图5-1）。

不好的生态系统

忍受
效率低下
生产率下降

- 节电
- 监视监控
- 自给自足

好的生态系统=智能化

自主性
效率化
生产率提高

- 效率化
- 防范监控
- 活动连续性计划（LCP）

图5-1　省电和节能的生态系统

因此，我们需要从负向思维改变为正向思维。首先，把名称从“节电”向“效率化”，从“监视监控”向“防范监控”，从“自给自足”向“活动连续性计划”（LCP：Life Continuation Plan）转换。例如，因为“节电”是“效率化”，所以不是以减少工作的方式来降低能耗，而是在减少能耗的同时，完成同样的工作，甚至能够从事更多的工作，即改变意识。“节电”既是在保护地球环境，也是为了使成长持续的效率化。这里重要的是，如何把节电技术提升为提高生产效率的技术。

以同样的方式，从节电的想法转向效率化的想法，在数据中心和云计算中也可以实践。因为它们都要消耗大量的电力，被认为是节电的重点对象。如果把办公室的服务器等移动到数据中心，来推进云计算化，可以实现大量的节电（这在江崎研究室已获得成功，节电高达70%）。

如果以这种方式积极地思考，即使使用相同的技术和设备，但能够变身为成长战略。即使工具相同，如果战略不同，则会产生不同的效果。

信息通信系统与社会和产业基础设施的融合

除了智能建筑，为了持续地创造智能能源系统和智慧城市这些社会和产业基础设施，信息通信系统的引入是必不可缺的。信息通信系统和实际空间存在的物的融合，在未来将继续下去。如果那样，对物的状态进行把握（感应）和控制（执行）就显得尤为重要，必须成功地进行相应的设计和实现，它决定社会和产业基础设施的功能和效率。

正如我在第1章提到的那样，如果把这比作一个人，计算机控制中心和互联网数据中心（IDC）相当于“大脑”，网络是“神经”，传感器和执行器成为“感觉器官和肌肉”。显而易见，正是这些聪明高效的“大脑”和敏捷工作的“神经”，以及运动能力高的“感觉器官和肌肉”共同协调，才能实现高效的活动。

如果这些基础设施渗透到整个社会，就要实现整个地区计算机和网络的建设，还有传感器节点[①]以及执行器节点[②]等的所有数字设备的相互连接。但是，由于对这些装置集中管理与控制是不可能的，因此，在本地和全球范围两个方面，要求运用一个自主的分布式的协调网络。

此外，如果引入融入互联网基因的设计的想法，节能和环境保

① 传感器节点：测量温度和压力等物理现象，并把测量的结果发送出去的装置。
② 执行器节点：根据输入的指令，主动地执行动作的设备。

护措施等为了实现一定目的而设计的系统，会和其他的系统用共同的技术互相连接，因此，不需要添加新的功能和服务来实现系统间的协作。此外，如果利用透明性和端到端的要素，或许能够构筑出一个不限于当初目的的可广泛利用的平台。而且，这个平台也有可能成为一个催生新方法、新服务、新产业的基础。如果以这种方式不断发展基础设施，相信在不远的将来能够实现智能星球。

类似于“骨架和填充”的原理

如果想将融入互联网基因的设计理念投入到社会和产业基础设施中，就要求有相应的系统设计。具体地说，就是要保证组件和模块的可替换性，并且不对利用者以及利用方法加以限制。还要开放接口，使创新组件的引入成为可能。

和这样的想法相似的是建筑上的“骨架和填充”①。其基本概念就是，在不改变建筑结构框架（骨架）的情况下，内部装修（填充）可以多次被替换。其原点是20世纪60年代由麻省理工学院的约翰·尼古拉斯提出的“开放性建筑”。

首先，建筑物随着岁月的变迁，住户的人员结构和嗜好将会不断变化。因此，对建筑物的功能要求不同，就会想对内部进行修缮。

---

① 骨架和填充：在东京大学EMP（东京大学执行管理计划）开展关于“互联网的本质”的讲座时，受教于本计划的特任教授横山贞德。该理念也可参见横山贞德编写的《东京大学执行管理•设计的思考力》（东京大学出版社，2014年）。关于骨架和填充的内容请参照本书第3章。

但是，如果为了内部装修要变更建筑结构的框架，则需要非常大的成本。所以“开放性建筑”理念倡导不对当前住户的要求进行最大满足，让新住户有要求改动时建筑结构框架也要原封不动，只变换内部装修，从而使低成本修缮成为可能。在东西德统一的时候，为了维持东德老建筑的资产价值，以骨架和填充的想法，进行了对许多建筑物的修缮。

为了进一步推进骨架和填充，需要采用模块化构成建筑物组件的方式，使替换对应的部分变得容易。再通过开放化，将修缮和改造时从容切换模块成为可能。可以说这和互联网的架构有着非常类似的地方。

顺便说一句，在完成时建筑资产的价值不一定是最大的。但是，经过长期对建筑物的运营，因为总成本会降低，能够对应于居民的愿望，在很多场合资产的价值就会变高。与欧洲和美国相比，日本建筑报废及建造的周期很短，所以目前在日本使用的建造方法与上述正好相反。

骨架和填充的方式，在不断接受创新的同时，让建筑物的存续成为可能，它也能够适用于城市和能源系统等社会和产业的基础设施。

2 智能建筑，智能校园

管理控制系统的互联网化

2003年，我运用融入互联网基因的设计，进行了关于建筑智能化的活动。因为以前就预测到，在构成互联网基础部分的通信协议中，有着巨大地址空间的IPv6[①]（Internet Protocol version 6）将成为支撑今后社会和产业的必需技术，所以特别关注适用IPv6的建筑领域。以前根据每个供应商（卖方）的独立技术，如空调和照明，或一般的电源等对每个系统进行设计，形成建筑物管理控制系统（神经）。通过在此导入互联网技术，开始了和产业界有关人员的合作，这在某种意义上也是骨架和填充关系的实践。

当时东京有意向要统一管理和控制消耗巨大能源的设施，因此，利用位于新宿的东京都市政大楼改修的机会，大家提出了把原有的管理控制主干网互联网化的建议。于是在2004年设置了“东京都市政大楼公开研究会”（我也参与其中），当导入互联网技术的好处被公认之后，东京都市政大楼的管理控制就转向采用互联网技术的开放性系统了。

这种趋势在各个地方都在发展，2008年北京奥运会主体育馆的照明系统，其管理控制的主干就采用了互联网技术。当时它是由松下电工实现的。

由于这些努力，证明了安置在设施上的空调和照明等管理控制系统，是可以用互联网技术整合的。它是以互联网为骨干的联邦型的集成系统。

东京大学绿色ICT项目的设立

在这种社会需求之下，在2007年的年末，由于东京大学本乡校区

① IPv6：决定网络上通信规约的一个协议。

的工学部2号馆电力消耗量非常多，希望实现节电，所以我接受了时任工学部长松本一郎的委托。这个建筑物于2006年竣工，地上12层，地下1层，是一座综合教育研究大楼，也是我工作的地方，高峰用电量高达1兆瓦。

然而，仅仅实现节电是不够的。这是一个很好的机会，希望它能成为一项利用互联网进行节能和节电的技术研究。我们以作为示范实验模型为条件接受了这个项目，并为实现这个目标，决定推出大学与产业合作的联盟。它就是在2008年6月成立的东京大学绿色ICT项目[①]（GUTP：Green University of Tokyo Project）。

这个项目关系到建筑物的设计、建设、运营，所有的相关企业和组织都作为多方利益相关者参加了会议，讨论了至今为止没有在一个桌子上谈论过的课题。然而，仅仅如此不能达成节电的目的，故又进一步把“可用的东西”作为最重要的事项，提出了今后以引进有实用性的先进技术系统为目标的方针。

最初在几个楼层进行小规模的示范实验，根据其结果，决定采用具有应用接口、数据存储和现场总线的三层结构的系统。这就是在Live E!项目[②]中研究和开发的被称为“IEEE1888”[③]的系统，

---

① 东京大学绿色ICT项目：成立的时候是“绿色东京大学工学部项目”。Hiroshi Esaki，Hideya Ochiai，“The Green University of Tokyo Project”，Invited Paper，IEEIC Transactions on Communications，Special Issue on，Vol. J94-B，No.10，pp.1225-1231，October 2011。

② Live E! 项目：参照本章第4节的“Live E! 项目”。

③ IEEE1888：定义了为了实现下一代建筑物的能源管理控制开发的开放的体系结构和通信规格的国际标准。2011年3月被IEEE承认。正式名称是UGCCNet（Ubiquitous Green Community Control Network）。

其已被设计为在互联网的广阔领域中能够展开的传感器网络（图5-2）。各种类型的现场总线，通过一个网关（相当于互联网的路由器），被连接到互联网。现场总线生成的数据全部存放在共同的数据存储系统中。用于建筑物的管理控制的应用都统一在这个共同的数据存储系统中，使用开放化的接口，可以进行数据的参照、解析，乃至处理。

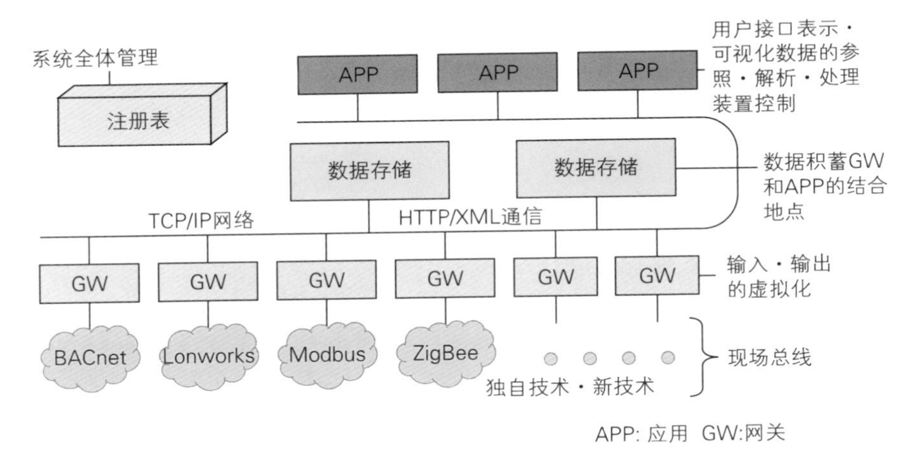

图5-2　IEEE1888架构的概念图

这个具有应用接口、数据存储、现场总线三层结构的系统，因为中间夹着网关，就如同互联网的沙漏模型体现在建筑的管理控制系统中（图5-3）。换句话说，它已成为互联网架构的系统。

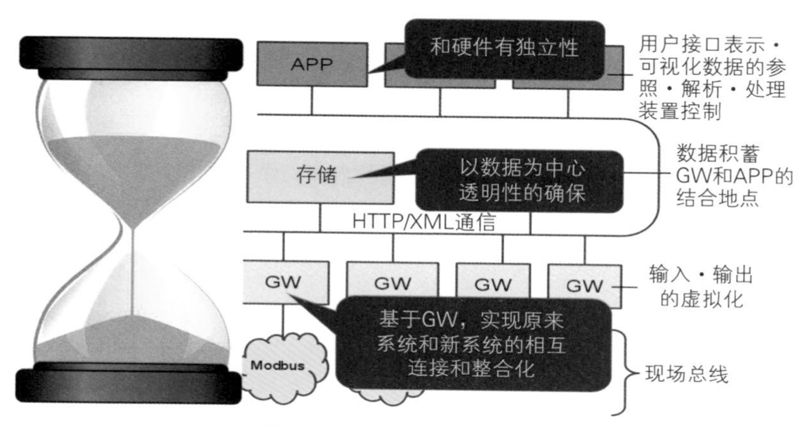

图5-3 IEEE1888的沙漏模型

从供应商主导变为用户主导

在该项目中，先决条件是多样的应用可以共享存放在数据存储系统中的数据。以这种方式，所有的数据对使用者和使用方法没有任何限制，透明性在此成立，系统具有了共享的性质。“个人对于全体的贡献，成为全体对个人的贡献”这一互联网思维被带入到建筑设备领域。作为结果，传统的由每个系统所构成的垂直整合模型，转变为系统间的横向整合模型（图5-4）。这意味着从由设备提供者决定技术规格的厂家主导，变革为由系统订货方决定技术规格的用户主导。

另外，使用网关的相互连接模型，由于接口的共同化，实现了“选择的提供”。因此，在“现有系统的继续改造”的同时，也使“从现存系统向具备新技术的系统变更”成为可能。这样的设施系统虽然修缮构成部分所需要的周期长，但是在任何情况通过“选择的提供”能够应对是一个很大的优点。而且，这也是互联网普及于现有计算机系统的一个成功模式。值得指出的是，这里使用的IEEE1888架构，在2011年作为国际标准获得了承认，已经成为一项面向全球的技术规范。

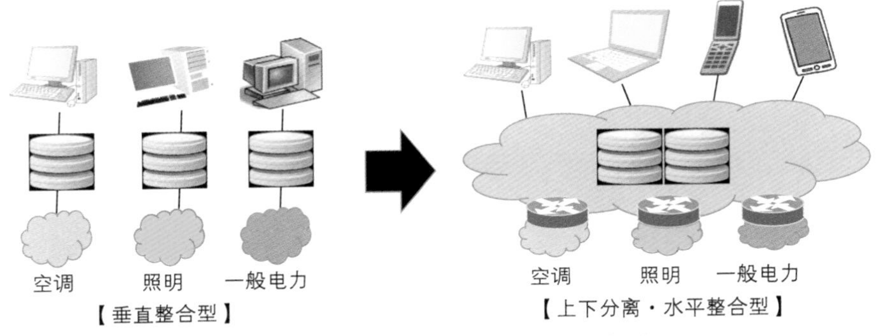

图5-4　从垂直整合模型移向水平整合模型

转换到使用IEEE1888的系统

这个基于IEEE1888的系统，按照预定，计划在2011年3月开始运行。而在2011年3月11日发生了东日本大地震，在时间上正好与电力公司的电力供给大幅下降相重叠，为此在东京大学，设定了将整个大学的最大能耗降低30%，总电力消费量降低25%的目标①。那时，完成了系统安装的工学部2号馆成功削减了电力消耗，在最大电力消费量上降低了44%，总电力消费量上降低了31%。

图5-5所示的是工学部2号馆节能和节电系统的概要。此外，在图

① 参见江崎浩《为什么东京大学已经成功地省了30%的电？》（幻冬舍，经营者新书，2012年）。以及平井明成和江崎浩所著《5-2大学设施》《电设技术》（特辑 缺电及其对策）2012年5月号，第57～60页。

5-6中，举出了使用IEEE1888的每个不同系统智能化的例子。和这个工学部2号馆的系统一样，根据IEEE1888设计的大学，还有东京工业大学大岗山校区的环保节能创新大楼①。这个大楼使用了尖端的能源技术，所有的外壁都覆以太阳能电池板，配备了燃料电池和各种蓄电池，还有洁净室（确保室内空气洁净度的房间）那样的实验设备，已经实现了整合这些系统的管理控制。

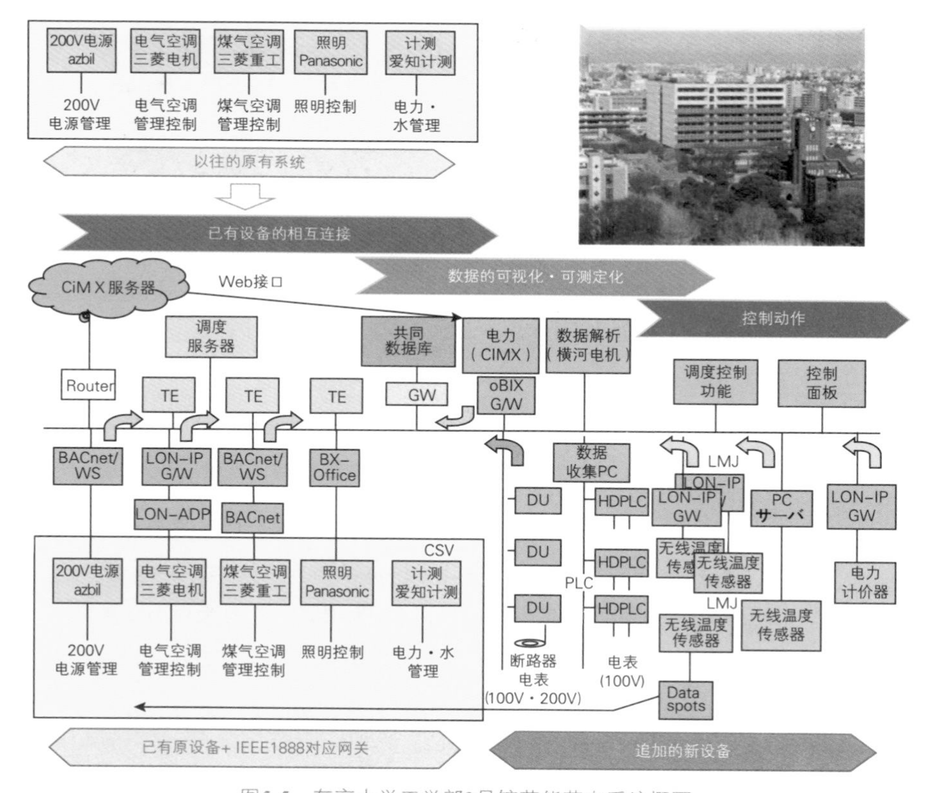

图5-5　东京大学工学部2号馆节能节电系统概要

① 东京工业大学大岗山校区的环保节能创新大楼：参照东京工业大学的主页http：//www.titech.ac.jp/research/stories/eei_building.html。

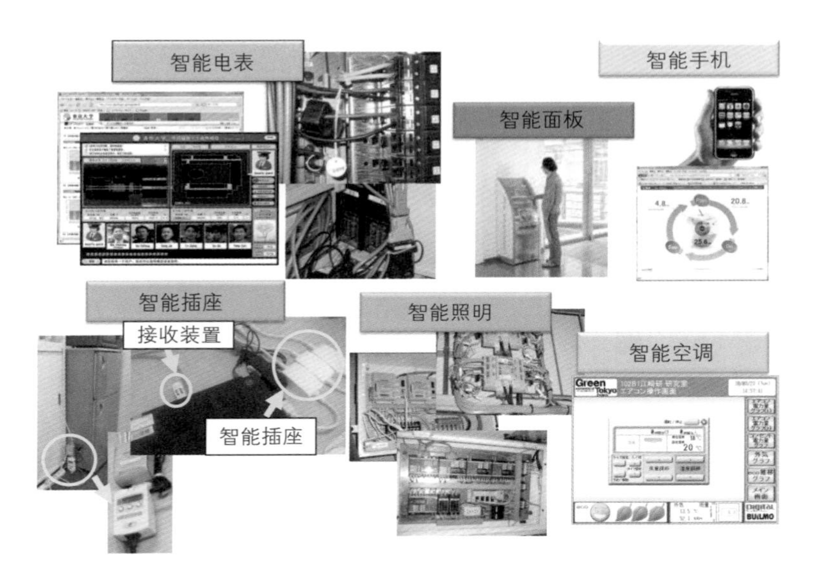

图5-6　采用IEEE1888的各系统的智能化

到了2014年，采用IEEE1888的智能电表（用于测量耗电量的双向通信设备）系统，扩大到了东京大学工学部的整个校区（14栋教育研究大楼）（图5-7）。此外，在整个东京大学，部署在首都圈的五个校区（本乡、驹场I、驹场II、白金、柏）的特高压受电设备也安装了利用IEEE1888的智能电表。在此利用互联网的云计算环境，将每个校园的电力使用量实时地可视化（图5-8）。其电力使用状况，公开在东京大学的网站（首页左上），除了向教师和学生，也能向校外的人们传达省电的状况（图5-9）。在传统系统中，让大量用户访问可视页面事实上是非常困难的，但是通过使用互联网的服务器系统技术使其成为可能。

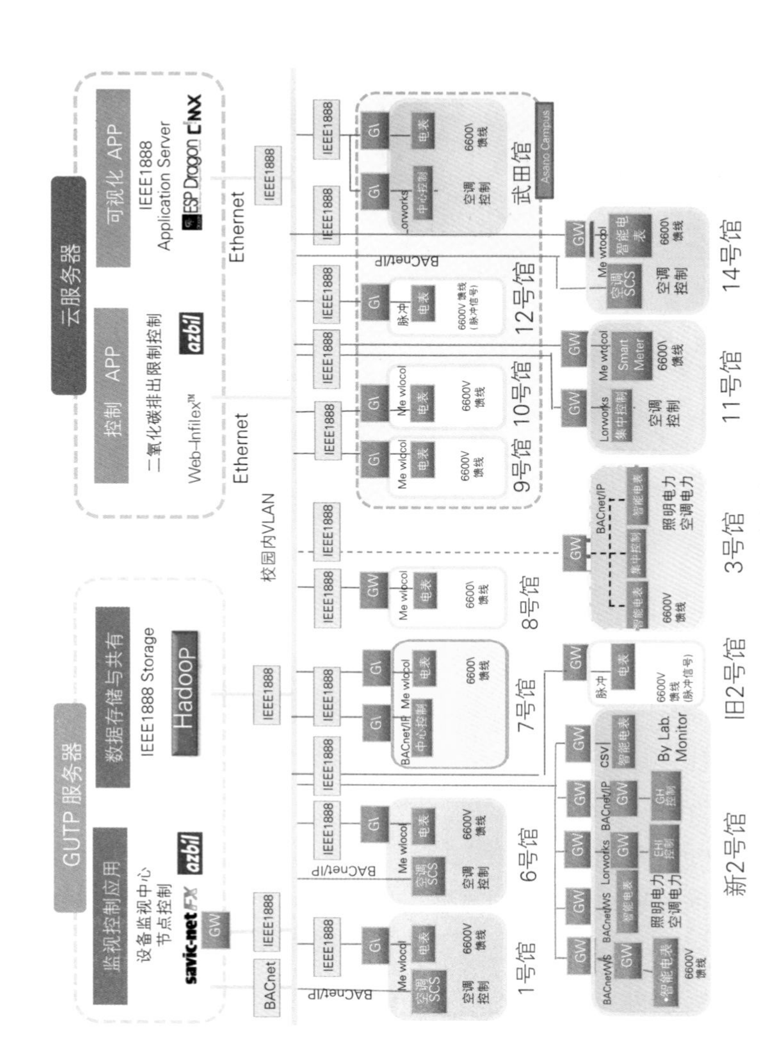

图5-7 在东京大学工学部校区整体利用IEEE1888的系统概要

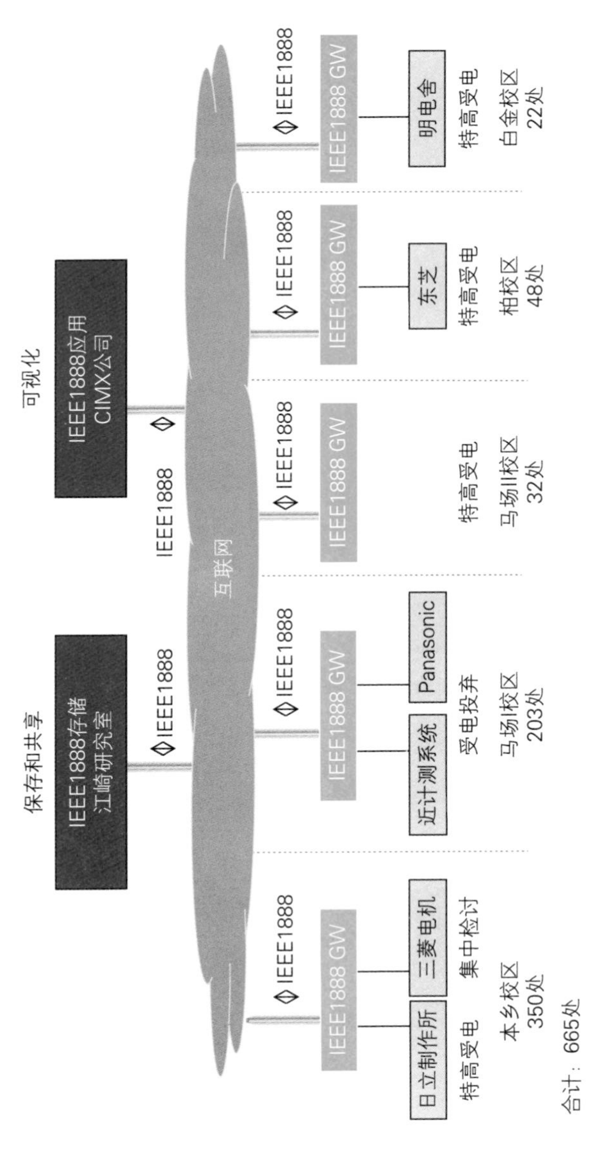

图5-8　东京大学五个校园的电力使用量的可视化的概要

图5-9 东京大学的电力使用量的表示页面

信息来源：http：//www.u-tokyo.ac.jp/

在2015年，借东京大学的空调等设备采购之机，进行了标准数据模型格式[①]的提升。由此，如在IEEE1888实现的那样，使用开放的国际标准技术的三层结构成为可能。在此不仅能够对整个大学的设备管理控制，还能在其他方面产生各种各样的效果。例如，厂商锁定（与

① 标准数据模型格式：参考《东京大学广域设施网络标准数据模型格式》（2014年7月完成）。详情参见http：//www.tscp.u-tokyo.ac.jp/documents/tokyodaigakukoui-kisetubinet.pdf。

其他供应商设备切换很困难）的防止、供应商选择性的增加、引进新系统的易化等。总之，在进行节电、节能的系统运行以及不断升级的同时，能够实现对研究和教育的贡献。

保持网络的中立性

IEEE1888的三层结构，实现了互联网的重要原则之一“中立性”。这几乎已经对应于美国联邦通信委员会（FCC）提出的“网络的中立性”（见第1章第6节）。IEEE1888的三层结构中，可以说具备如下三点：

- 自由地访问在法律上没有问题的数据的权利
- 只要对网络没有害处，可以自由地连接到传感器和执行器
- 只要对社会没有害处，能够自由地进行服务的提供

也就是说，所有的用户（应用）以同样的方式访问数据，连接到传感器和执行器，进行服务的提供。因此，网络是在用户的主导下运行的，进而刺激和促进了活动。在每个人都可以利用的系统中，基于中立性的架构是必不可少的。

另外，在IEEE1888的系统中，因为在设计上具有可在互联网上看到的开放性、透明性、自主分散的特点，于是其所构筑的智能建筑，事实上具有如下四项使命（图5-10）。

- 节电和节能
- 业务持续计划（BCP：Business Continuation Planning）
- 全面的质量管理（TQC：Total Quality Control）

❑ 创新（新功能）

具体地说，（1）指实施电力使用量的削减和控制，（2）指实施对于能源的安全保障措施，（3）指提高社会产业活动的生产率，（4）指让新服务的创造持续。然而，当为了节电和节能的建筑能源管理系统（BEMS：Building Energy Management System）被构筑之后，它可以同时担负这四项使命。

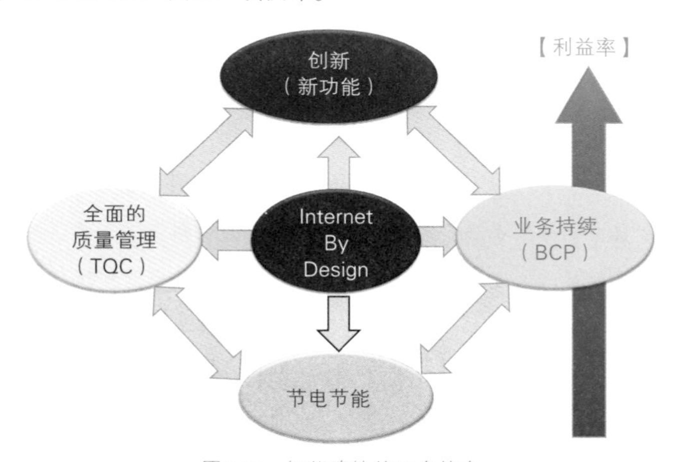

图5-10　智能建筑的四个使命

在工学部2号馆，虽然从各种传感器获得的数据和节电、节能有关，但除了节电和节能之外，该数据还贡献于发现是否有能量效率过低的地方，或者识别哪个机器应该升级，哪个房间应该增加舒适性（因为在许多地方实现了节电，所以不需要过严管制空调的温度），由此促进研究室工作效率提高的例子有很多。再者，设施使用状况的数据在帮助把握研究者的过劳程度的同时，还可以在个人的健康管理方面提供相关的信息。这样的个人活动信息也许是保险公司迫切需求的。所以有某种目的的数据，有时会产生出和最初预期不同的价值和使用方法。

电力公司推进的智能电表系统

电力公司也正在利用和IEEE1888几乎相同的结构，导入智能电表系统。智能电表是用数字化技术测量电力消费量的装置，具有双向通信的功能。与传统的模拟仪表的主要区别在于，它能够发送所测量的耗电量，据此电力公司可以在远程控制服务连接或中止。此外，它也以与家电通信的方式，实现电力供给状态的优化，也就是使控制电力使用成为可能。如图5-11所示，这个智能电表系统是由智能电表、共享的数据存储（MDMS：Meter Data Management System）、应用（服务提供商）构成的三层架构。通过使用一个共同的接口，多数的服务公司可以使用多个智能电表系统的数据，促进竞争关系的产生。

在展开应用的商业公司中，不仅电力公司的关联公司可以加入，和电力公司无关的各种各样的公司都可以加入，对于所有这些公司，共享数据存储系统必须公平地提供服务。也就是说，运营共享数据存储的电力公司，必须在没有利益冲突的条件下开展业务。

此外，网络不仅可以连接电力公司设置的智能电表，也可以连接煤气表等其他装置。在这种情况下，共享数据的存储设备对应于沙漏模型的中心部分，各种各样的装置通过接入网络被连接到共享数据存储系统，能够开展各种应用。

另外，如图5-11所示，在电力公司的智能电表系统中，设计了三条路径：利用智能电表和接入网进行数据收集和管理控制的A路径、居住者从各户智能电表取得信息的B路径、在共享数据存储和应用程序之间进行数据交换的C路径。

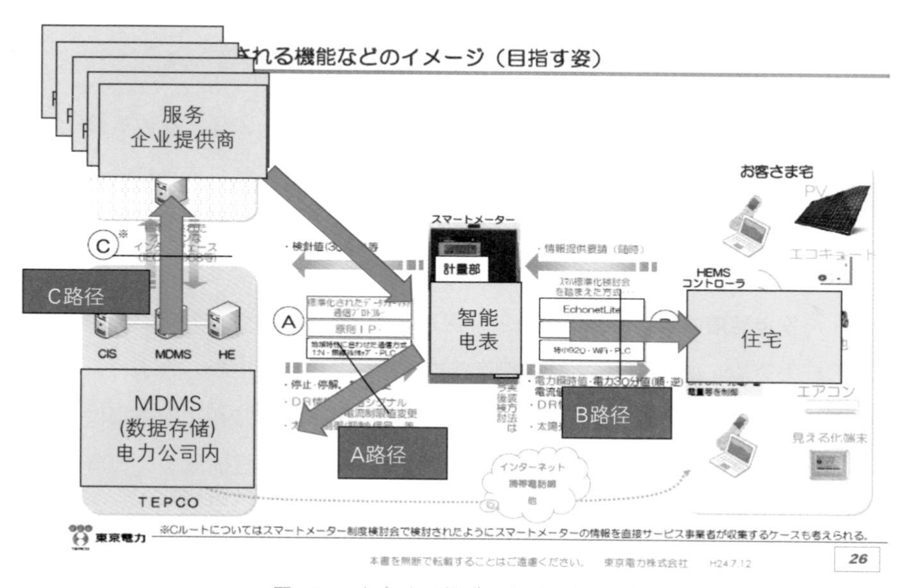

图5-11　电力公司推进的智能电表系统

资料来源：《基于RFC的关于智能电表使用的基本想法》，由东京电力有限公司发表于2012年7月12日（http：//www.tepco.co.jp/corporateinfo/procure/rfc/repl/t_pdf/2_concept-j.pdf）。

特别是B路径，经过各种各样的探讨，最终成为必需的功能。作为原因之一可以指出的是，通过B路径，居民可以确认由A路径取得的数据，从而减少电力公司的数据管理错误并提高精度。不仅如此，为了实现互联网架构的端到端的功能，B路径也是很重要的，另外，从数据拥有和利用的观点来看，它也是不可缺少的。

因为智能电表的设置者和所有者是电力公司，那么设备所生成的数据，应该归属于设备的所有者电力公司。但是，在B路径，虽然居住者没有设备的所有权，但为了取得利用状况的数据，在双方同意后居住者也可以使用设备。换句话说，居民就可以和电力公司以外的企业合作，接受更自由的服务。而且，要积极地诱导这样的服务，为的是实现服务所需要的资源（在此指的是智能电表的数据）能够成为一个不被企业独占的接口。

进一步说，在电力自由化取得了进展的阶段，并不是所有的住户都要从同一家电力公司购买电力，住户可以向所在地区的任一家电力公司购买。在这样的环境下，对每个居民用B路径收集的数据，不限于特定的电力公司，而是从不同的电力公司收集来的数据的混合。因此，如果企业可以从大量住户收集电力利用数据，跨越几个电力公司的数据的收集和利用就成为可能。

如今，已经有企业自己引入智能电表并主动利用设备数据的情况。例如，参与东京大学绿色ICT项目的CIMX公司，为了把握自家工厂生产设备的电力使用量和运行状况，引进了智能电表，通过得到的数据分析其生产活动，不仅削减了生产线的浪费还实现了效率化，其结果是实现了40%以上的节电[①]。此外，在2004年美国纽约实施的项目[②]中，用智能电表对汉堡连锁店“温迪店铺”的电力使用量进行实

---

① 参照CIMA有限公司的网页http：//www.cimx.co.jp/01_news/2006_03_01/news_2006_03_01.html。

② 美国纽约实施的项目：指NYSERDA（New York State Energy Research and Development Authority）实行的New York Energy Smart项目。

时监测和解析时，发现了店里各种设备的电力浪费现象。而且，知道了各种装置的运行模式在一周的每一天都不同。那时，温迪店铺的负责人不总是一个，他们在每个星期每天都有交替制。结果是虽然以节电为目的收集数据，但同时能够严密地进行从数据到店铺运行责任者的绑定，这就产生了副产物。换句话说，这将被看成为一个“发明是需要之母”的例子。

医院服务系统的横向集成模型

由于终端用户可以拥有并使用数据，这样一来，就有很多可以改进的服务系统。例如，医院服务系统。至今为止，每个医院是以零散的方式（碎片化）独立运行的。但现在，通过实现这些系统的集成化，以个人（端）为基点的服务正在形成。

患者去医院就诊时的数据，基本上是由医院保存。也许是技术和管理的原因，数据是不能从医院拿出来的，顶多被同体系的医院共享。为了形成开放的环境，必须中止这样的信息碎片化，作为规则已经被讨论认可的是，个人能够拥有和利用自己的临床资料。不仅是医院，受到治疗的病人也有那样的权利。而自己的临床数据要委托给哪个企业管理，最终应该由个人来决定。因此，不是由企业（对于互联网而言，指的是服务供应商）意向主导，构筑的是面向个人（最终用户）的系统，它能够诱导系统从碎片化的垂直集成模型向开放化的横向集成模型发展。

除此之外，其实在很多商业领域也可以看到类似的事例。有这样的状况，那就是由机器产生的数据被制造商占有，不提供给作为所有者的用户。例如，电视、汽车、农业机械、建筑重型机器等。但是和互联网连接的计算机是一个例外。用户使用计算机生成的数据，是用户自己能够访问的状态。这个互联网的特性，如果被应用到其他商业领域，就能使具有端到端原理的横向集成模型成为可能。

项目的运营方法

最后，我想简单地谈一下以智能建筑和智能校园为目的而设立的东京大学绿色ICT项目（GUTP）的运营方法。

实际上，这个项目本身的组织也是以互联网的架构而设立的。例如，在签约的方式上，不是采取东京大学和参加该项目的所有组织个别地进行，而是采取东京大学和所有组织共同进行的平台型的结构。也就是说，不是基于委托和受托这种关系，而是基于平等的立场下共同研究的关系，其成果也被同样地对待。总之，不是双方的签约形态，而是由参加项目的组织共同参加的多方的签约形态（图5-12）。

	国家的项目	东京大学绿色ICT项目
合同形式	双方	多方
	受国家委托	由参加者共同研究（对等）
评价标准	严格遵守目的	成果的价值
	（重要的是税收的合理使用）	（意外的结果是最大的收获）

图5-12　东京大学绿色ICT项目和国家项目的比较

因此，关于签约内容的透明度和公正性得到了保证。另外，参与者中，行业（主要是建筑和建设）竞争的利益相关者，虽然说从上游到下游种类多样，但围绕设备系统的整体结构因为用共同的模块相互连接为前提，所以可以共同进行讨论。

此外，该项目不使用国家资金，仅由产业界和学术界的平台型资金来运营，立足于基本用户（私营部门）主导的想法，进行项目的管理。

与此相反，在政府和有关部门启动项目的场合中，如果认为有很好的前景要投入大量的资金时，负责项目财务管理的人也许会认为“反正是国家的钱”而淡薄成本意识。这也是人们的心理问题。

此外，涉及国家的预算，都有一个“目的外使用禁止”的规定。由于是国民的税金，在提案时若提出目的以外的使用将会被严格禁止。尽管那是有道理的，但太重视税金的合理使用，一些开始前没能认识到的新想法就无法实现。

通常真正有趣的题目，在项目和事业的开始几乎不能预测。突然出来的想法，很多时候具有意想不到的巨大价值。知道这一点的民营企业，切身感觉到利用国家资金的限制。如果项目使用国家资金，各种限制状况的持续会是一个令人头痛的问题。

3 智能能源系统

数据中心和云服务的节电与节能

在此，让我们探讨一下能源系统的智能化。在21世纪，一讲到对我们不可缺少的东西，都会提到电脑，但是近年来在办公室它作为消费大量电力的设备，从节电和节能的观点来看，很多时候被看成是社会的公敌。对于这个问题，通过整合计算机网络这个神经系统，推进办公楼整体的节电、节能是可以解决的。

此外，将办公室中的计算机搬迁到“数据中心”也将发挥很大的效果。数据中心指的是收容计算机的专用设施。即使只把办公室的计算机移动到数据中心，也可以实现10%～20%的电力节省。此外，如果使用云计算技术进行服务器和桌面计算机的搬迁，将实现60%～70%的节电率，在有些场合，甚至达到80%。

事实上，以东日本大地震为契机，在东京大学工学部的电子信息、电气电子工学科的共享服务器和我研究室的服务器等都完成了云化的情况下，实现了大约71%的节电率。与此同时，云服务器的购买成本如果用省下来的电费支付，用6个月就可以付清（图5-13）。

另一方面，如果向数据中心聚集的计算机过多，数据中心也会消耗大量的电力。另外随着顾客的增加，耗电量的上升也是事实。例如，2008年，东京以大型企业为对象公布了包含“温室气体排量削减义务和排放权交易制度”的环境保护条例，从它的内容来看，数据中心是温室气体排放量非常多的单位，无论如何将成为处罚对象。

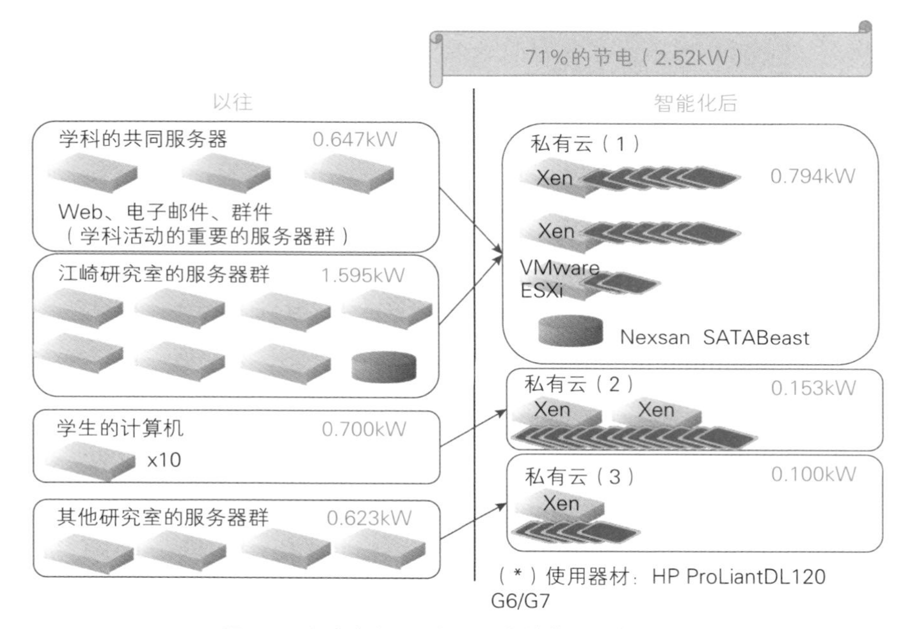

图5-13 东京大学工学部用云化的节电和节能系统

然而，如果把利用数据中心的各个事业所作为一个整体看成一个企业群，情况就会发生变化。把各个企业的计算机移动到数据中心，从宏观上看，能够显著地减少总的电力消耗量，这个事实已经被我研究室的实际数据所证明。

如果将东京办公室内设置的102万台服务器（2005年数据）“集聚到数据中心”，预计节电率将达到15%，如果“集聚到数据中心+云计算化”，预计节电率将高达40%（图5-14）。这个预计也被东京认可，因为有这个预想的结果，现在东京环保局在推荐使用数据中心和云计算技术的同时，也正在考虑放宽环境条例将其适用于数据中心。

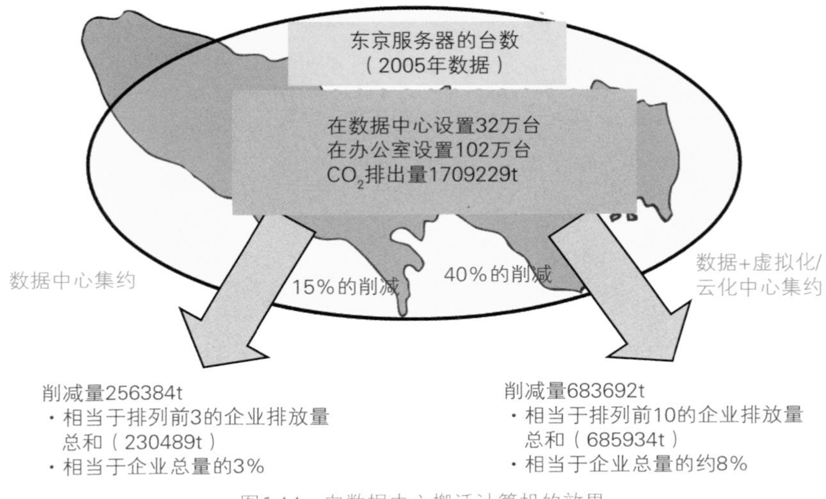

图5-14　向数据中心搬迁计算机的效果

资料来源：日本数据中心协会

数据中心和云服务的危机管理和业务的效率化

数据中心+云的利用不仅有节电、节能的效果，也有助于企业危机管理水平的提高。在发生停电或地震时，数据中心有切实的措施，比起放置并运行在企业办公楼的计算机，能实现充分的防备。

除此之外，数据中心+云的使用，提供了集成公司服务器计算机的机会。其结果，对于办公室能产生三个优点。第一个是“公司内部

IT系统的效率化”，通过云化可以更有效地利用计算机资源。第二个是“业务的效率化”，大数据的收集、分析和反馈成为可能，以此为基础可以构筑业务的PDCA周期（指按照Plan、Do、Check、Action的顺序进行的质量管理周期）。第三个要提到“办公室面积的有效利用”，即在推进座位安排自由化（公司员工不需要有每个人自己的办公桌）和无纸化方面起作用。这种计算机集成的方式，促进了公司内基础设施的利用扩展。

再来了解一些情况。在2011年日本微软总部大楼搬迁到品川时，导入了利用IEEE1888的开放型设施管理和控制系统，同时在办公室内没有服务器机房，实现了利用数据中心的云技术的IT环境。由于这样，日本微软迅速地推进了省电和节能，IT系统的业务持续规划也得到提高。此外，通过远程业务环境的整合，至今为止没有实施的业务活动也变得可能。首先，灾难发生时业务能够继续（在东日本大地震的时候，有记录表明大约85%的员工还在家里远程办公）；此外，远程办公的环境，还对需要照顾孩子和老人的女性员工有很大的帮助。

关于数据中心+云的利用，想补充说明的是，它还可以减轻办公室搬迁时的财务负担。对于使用出租大楼的公司，在搬入时、入住期间、搬迁时的各个阶段有以下优点：

- 搬入时：不需要设置服务器机房，与此相关的电力建设、地面负荷加固措施、空调工程等没有必要实施，工程费用的负担降低。
- 入住期间：没有必要设置作为一个大热源的服务器机房。因此，电力负荷和光热费用负担降低。

- 搬迁时：需要很大成本的服务器机房恢复原状现在也没有必要了，因此工程费用的负担降低。此外，迁移到条件更好的大楼的门槛变低。

对于要搬迁的公司，在考虑方案时上述内容有很大的参考意义。

数据中心内直流电和交流电的转换

因为数据中心会消耗大量的电力，故要求使用节电和节能的最先进的技术。另外，由于持续运营是不可或缺的，故能源供给的安全必须得到充分保证。这些都是存在于今后智能能源系统中的重要的技术和架构。

但是，日本的电力传输及配电系统，几乎都使用交流电。交流电适合于一对多的多点型传输和配电。然而，在一对一的情况下，与交流电相比直流电的输电效率更高，实际上在欧洲国家之间，大多进行的是直流电的传输。换句话说，在某些特定条件，直流电有比交流电优异的特性。

因此，在数据中心内利用直流电传输的趋势正在扩大。计算机内部全都是用直流电的。所以当电源是由交流电（AC）输入时，需要用变压器变换为直流电（DC）。大家都知道，计算机使用交流电源适配器（转换AC到DC）时要放出很多热量，这就是把交流电变换为直流电时的损失。因此，有理由在数据中心内用直流电进行电力的传输和配电，这能实现10%的节电。

另外，为了应对灾难发生时电力公司供给停止的情况，在数据中心安装了大量的蓄电池。这些蓄电池是直流电源。按照现在的方法，需要把它先变换到交流电进行传输，在输入到计算机内部时再变换回直流电。如果能摆脱这个直流电和交流电转换的过程，不仅可以减少浪费，还可以降低系统的故障发生率。

还有要更加积极利用蓄电池的呼声。为了提高电源的稳定性，数据中心的电源构成不仅有电力公司，还有太阳能、使用石油和天然气的自家发电等。虽然从电力公司获得的电力在大多数情况下是交流电，但若用蓄电池接受多种电源的输入，然后再对数据中心内的计算机用直流供电是可以考虑的。

也许大家已经注意到，这与在互联网上的缓冲存储器的效果几乎相同。换句话说，由于有了蓄电池（缓冲存储器）就没有必要在多数电源间进行协调操作，不需要多电源和传输配电系统之间的同步。在消耗电力少的情况下，暂时将电能先存储到蓄电池（缓冲存储器）也是可能的。通过引入缓冲存储器，数据中心能够自主分散地运行。类似的结构也适用于家用电源。通过蓄电池，不仅是电力公司，利用太阳能和天然气自家发电的电源也被一体化地整合了。

通过在电力公司系统内配备大容量的蓄电池，使需要同步的范围变小，形成了提高控制质量的机制。如果再使用蓄电池吸收掉各部分的电力波动，就能更加提高整体的可靠性。

电力和热量的生态系统

数据中心在消耗电力的同时，也在发电和发热。因为总是发生排热，所以可以考虑将热量作为能源加以利用。另外，由于有蓄电能力和自家发电能力，所以即使在地震等灾害发生时，也能为了使服务继续而采取充分的对策。可以说，具备这样功能的设施，满足了当灾害发生时作为一个避难所的条件。

垃圾焚烧设施和数据中心一样，在消耗电力的同时，也会产生电力和热量。如同经常看到的那样，利用垃圾焚烧进行发电，使用废热经营温水游泳馆等。此外，根据居民分布在地理上较为分散，从垃圾收集效率化的角度出发，垃圾处理厂都被设置在交通便利的地方（图5-15）。

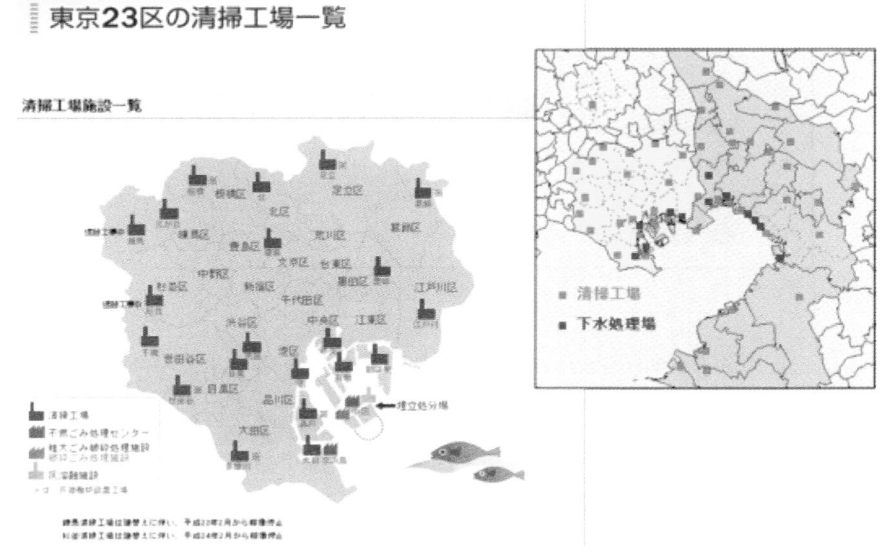

图5-15　东京23区垃圾处理厂名单

信息来源：东京23区清扫一部事务组合（http：//www.union.tokyo23-seisou.lg.jp/kojo/）

此外，在消耗电力的同时又产生能源方面，还有上下水道处理设施。它消耗大量电力进行水处理的过程中会产生大量的氢气（或甲烷），这些气体是下一代新能源的有力候选。

如果把这些设施巧妙地结合在一起（图5-16），就能构成一个电力（或氢气）和热能的生态系统。而且，这些设施若分布适当，安置在交通便利的场所，灾害发生时通常能够保证运转的继续。能源消耗时产生的电力和热量，也能供给各种各样的设施。例如，灾难时的避难所、植物工厂、医院以及疗养院等。

√ 数据中心
√ 垃圾焚烧设施（发电设备→电动汽车用）
√ 上下水道处理设备（制氢装置→氢气汽车）
√ 灾害时避难所
√ 植物工厂
√ 医院
√ 保健设施

图5-16 同一地点的能源生态系统

实际上，仙台市东北福祉大学的校园，就在东日本大地震时通过统筹利用多种能源，构筑了一个向校园内部的设施供给电力和热能的系统（图5-17）。多亏有了这个系统，在电力公司停止供电之后，仍然能够向教室和培养护理试验设施提供其需要的电力和热量。作为避难所，大学校园不仅对学生，对附近的居民也能起到良好的作用。

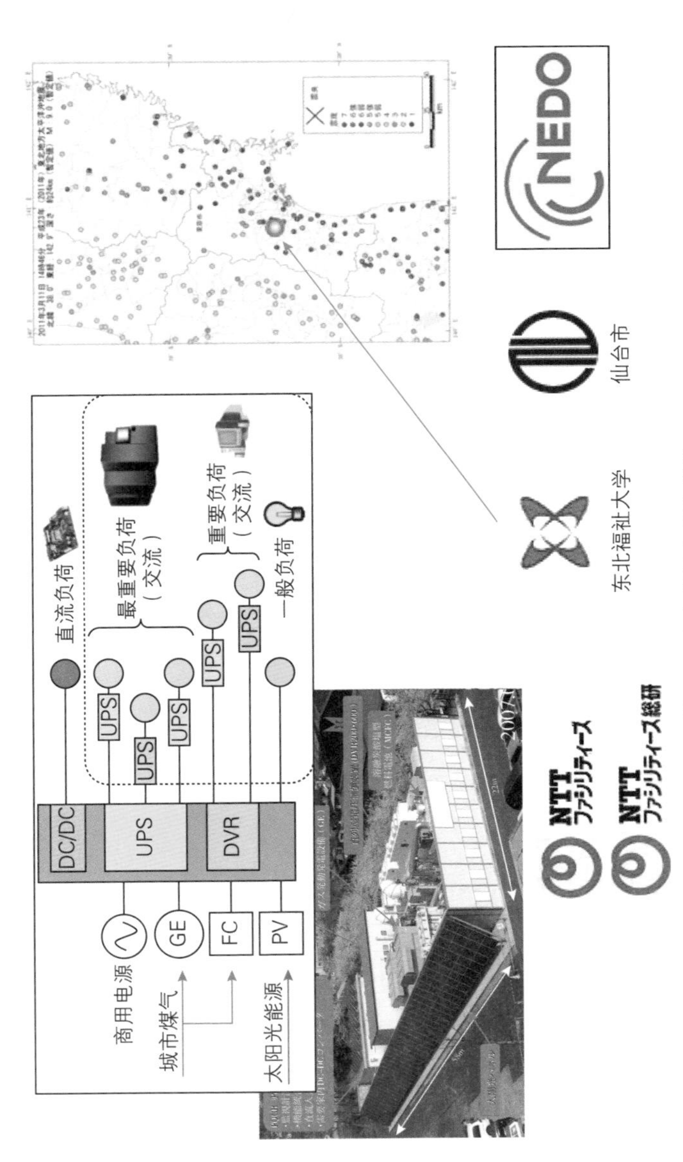

图5-17　东北福祉大学的案例

资料来源：NTT设施

而且在这个校园中，除了供给从电力公司获得的电源，还供给中高压煤气，具备自家发电的功能。据说还导入了利用天然气的燃料电池。其实这些燃料电池使用氢燃料也是可能的，因为用天然气生成氢气的装置已经在市场上出现了。因此，将来如果以氢气为能源的汽车普及了，校园也能作为燃料的供给方发挥作用，能够支援灾害时人员和物资的移动。

保障能源安全的设施，如果成为应对灾难的战略据点，那么它作为区域生态系统的功能就可进一步强化。在这个生态系统中，因为有电力、热量、天然气、氢气等不同形式的能源存在，如果具备相互转换的装置，就能够实现非常灵活的能源流通。这相当于互联网IP数据包的流通。作为IP数据包，不限制其内容如何被利用，也不规定要利用什么样的通信媒体，反正能够保证传送即可。

这样的生态系统，有能源存储的功能，紧急利用时具有灵活性。如上述已经提到的，这等同于互联网的缓冲存储器。如果通信媒体之间存在缓冲存储器，那么相互连接的设备之间就不需要时间的同步。对于能源的生态系统，也应具有同等的功能。

作为能源系统的电动汽车

作为法拉利设计师而知名的奥山清行先生，对电动汽车的出现所带来的冲击指出如下两点[①]:

---

① 参见2008年，日本IBM公司主办的富士会议的基调演讲。

（1）汽车将进入办公室和客厅。

电动汽车不排出废气，大体积的发动机将消失。因为不一定需要用车轮行驶，将从根本上变革交通基础设施。此外，电动汽车能够无缝隙地在居住空间内外移动，甚至可以直接进入到客厅或卧室，会发生至今为止不曾有过的交互体验。例如，汽车音响系统和空调系统等比当前家用设备功能更好，所以将被更多样化地利用。

（2）汽车是可移动的能量来源。

电动汽车除作为交通工具使用之外，也能够提供电力。电动汽车成为电力的供给源将给能源基础设施带来革命。例如，电动汽车用电力移动到目的地，在那里给电视和冰箱等家电充电，让这些设备运行（如果是现在的氢气汽车，在充满氢气的状态下可以给居民生活提供几天以上的电力）。换句话说，电动汽车具有灾难发生时的应急电源功能。

这些电动汽车的性质，从融入互联网基因的设计的角度来看，对应于“不限制使用者和使用方法”“需要不是发明之母，发明是需要之母”。在新技术开发时，与预先的设想不同，也许会出现更契合实质的使用方法，不受到事先限制是非常重要的。

正如我们在东北福祉大学校园的例子中所看到的，能综合使用多个能源的生态系统，至少具备能源的相互连接和存蓄功能（缓冲存储器功能）。在此可以融入像电动汽车那样的新技术。这种方式，和互联网上的“整体和个体的双向性”（One for All，All for One）的构造很相似。新技术在生态系统中被持续地吸收进来，然后，整个互相连接的生态系统的规模就扩大了。如果这样发展下去，那么实现全球唯一的、自主分散展开的能源系统绝不是一个梦想。

4 基于通过互联网的智能化的展开

互联网已经进入了IoT（物联网）时代，大量的传感器和执行器已经连接到网络空间。在这里，我们将讨论如何利用IoT对各种各样的系统展开智能化。首先是“小型多用途气象观测装置”，然后是不限制照明利用方法的“LED照明”，最后是在制造工艺上进行创新的“微型车间”和“3D打印机”。

Live E! 项目

2005年，以IPv6的普及和高度化推进协会①和WIDE项目②为主体，正式启动了称为Live E!的项目。项目成立的目的是，利用由个人或组织设置并运行的小型多用途气象观测装置（称为“数字百叶箱”），如图5-18所示，通过协调活动打造一个让地球实时环境信息自由流通的共享电子信息基础设施。直到今天，在教育课程、公共服务、商业发展的三个领域，我们仍在推动该设置与环境有关的自

① IPv6的普及和高度化推进协会：以企业和大学为成员，成立于2000年10月。针对IPv6的高度化、利用IPv6功能的应用的开发与普及等提出建议。
② WIDE项目：参照本书的“前言”的注释。

由、自主的使用。

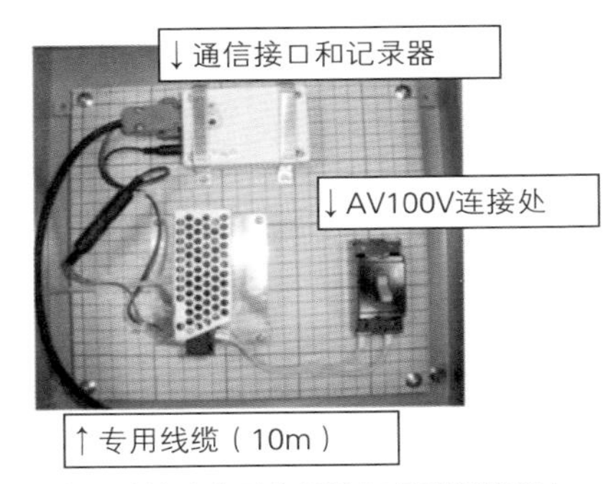

（左）数字百叶箱（小型多用途气象观测装置）
（右）气象观测盘

图5-18　数字百叶箱

信息来源：Live E! 项目http：//www.live-e.org/instrument/

1）教育课程

以气象数据和相关统计数据为主的环境信息作为教学资料加以利用，期待其从初中教育到高中教育的各种各样的利用。

2）公共服务

在大范围灾害发生时，环境信息的提供，对于灾害状况的正确把握是非常有帮助的。它还可以协助判断补救措施，在具有前瞻性的防灾阶段，以及在作为灾害发生后的减灾及应对阶段，都可以预期措施有效性。此外，大量详细的环境信息，能够作为对城市环境状态（如热岛现象等）进行把握、分析以及提出对策的材料加以利用。

通过发布环境数据，个人和企业可以从中得到对日常生活有用的信息。安装在东京高中的数字百叶箱，在最近几年频频发生的暴雨的

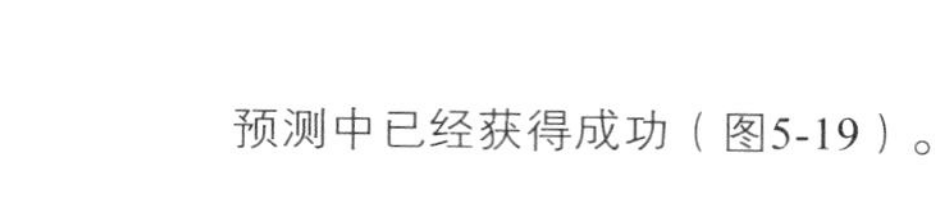

预测中已经获得成功（图5-19）。

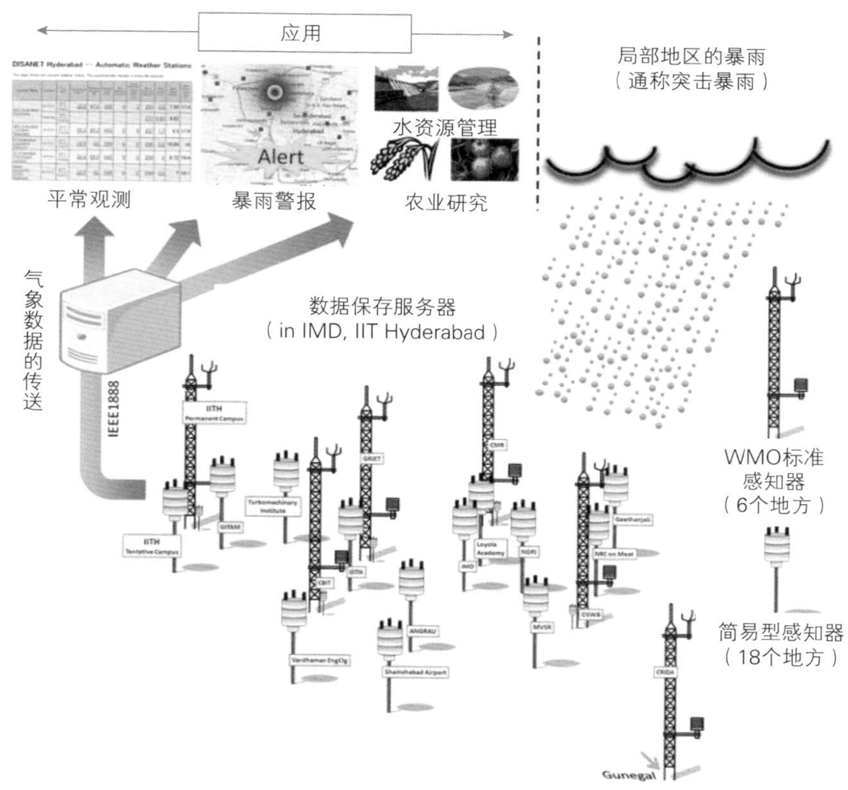

图5-19　Live E!项目的系统概念图

3）商业发展

此外，通过处理环境信息，还能够向客户提供有用信息的商业服务。大量高精度数据的使用，促进系统效率化。例如，电力公司可利用气象信息预测电力消费量，从而进行电力供给设备的最优设置。

终端用户可以购买传感器（数字百叶箱）并自愿地和互联网连接，用这种方式来共享信息。该传感器的信息能够被和互联网连接的所有人自由利用。这样一来，就会创造出新的使用方法。我们认为Live E!项目有它的特点，作为一个基于互联网架构系统运营的项目，它有着极高的先进性。

LED照明的革命性效果

近些年，日益普及的LED照明正在使用的是具有发光功能的半导体。相比于传统照明灯和白炽灯，它能以非常小的能量提供同等亮度。在本章第2节所介绍的东京大学工学部2号馆中，公用空间的电灯都被LED照明所替换，在照明的电力消耗上成功节省了30%到40%。

之所以能实现这样的智能化，是因为照明装置的插座在先前就已经标准化了，所以更换照明装置是很容易的事。如果插座采用厂商各自的规格，是不能实行LED照明替换的。可以说，作为互联网架构特性的“选择的提供”能否得到保证，决定了导入新技术时阻碍的大小。

LED照明也被引入到工学部2号馆的三明治店中。其结果是该店铺成功节省了约15%的用电。此外，由于引入LED照明，带来了如下两个间接效果：

（1）照明的紫外线量减少，昆虫难以靠近；

（2）照明的发热温度低，对食物几乎不造成伤害。

这两个效果都不在节电和节能范围之内，却能改善商品的卫生。实际上，在餐饮行业中除了以节电和节能为目的，更多的是为了食品的保存而导入LED照明。

此前，接受了几次和工学部2号馆的节电项目有关的采访，我曾对采访组的人说“摄影用的照明换成LED会如何”。理由是如果用LED照明，因为发热量变小，被拍摄的对象（我）就会少出汗。采访组同意了我的要求，在后来的几次采访中，把照明变更为LED，他们还跟我解释说得到了以下意想不到的效果：

- 采访开始之前，现场不再需要借用电源。事实上，借用电源对他们来讲是难为情的事情。
- 照明移动的自由度有了显著提高。以前移动都受到电源线和电源插座位置的制约。
- 今后作为反光板的代替品，预感到平面发光型的LED照明有出现的可能性。在这样的情况下，摄影的照明方法会发生根本性的改变。

对于LED照明，很多与当初目的不同的效果被逐渐认识到，而且都进入了可以实用化的阶段。此外，我们还知道LED照明至少提供了以下三个新功能：

（1）可见光通信功能的提供。

让LED照明用肉眼看不见的速度快速闪烁来进行无线通信。虽然可见光不能穿过障碍物，对于通信范围有所限制。但反过来说，可以认为其在安全方面降低了被窃听的可能性。此外，它不会因为是电磁波对其他设备造成干扰。而且，给LED照明供电的是称为PoE（Power over Ethernet）的通信线，其不仅可以传输电力，也可以用同一条电缆传输数字信息。

（2）各种传感器功能的合用。

如果使用PoE技术让LED照明和感知器合用于同一个场所，就能很容易地把感知器的数据上传到网络。

（3）用户终端位置的确定。

如果用户终端通过接收从多个LED照明发出来的光进行通信，那么通过LED照明的位置，就能够准确计算用户终端的位置（几十厘米的精度）。

在此可以看到，尽管LED原本是照明装置，但具有履行其他功能的可能性。而且，这些功能是以往的照明装置无法实现的。在此，用融入互联网基因的设计的观点来说，就是发挥了“不限制使用者和使用方法”和“发明是需要之母”的优点。当然还有一个重要的前提是，这样灵活的规则允许被运用。

通过微型车间和3D打印机进行制造业的创新

近日，在市区很少有看到混凝土搅拌车的机会。这是为什么呢？实际上，生成混凝土的被称为微型车间的设备已被放置在建筑工地，只要有材料来，就能在现场生产混凝土。这样，就无须建立独立的生产和加工混凝土的工厂，在现场按照配方就能够生产出混凝土。

此外，作为比这个生成混凝土用的微型车间更具通用性的设备是3D打印机。3D打印机可根据用户指定的设计方案，将原材料制作为目标体。换句话说，即使是使用相同的3D打印机，如果设计图不同，其输出的将是不同的物体。这恰好是具有“端到端”特性的物体生成系统。因为3D打印机这样的装置已经出现，在建筑工地各种结构的原材料被配送过来后，输入设计方案，就能打印出所需部件，这样的环境正在形成。

在生成混凝土用的微型车间和3D打印机出现之前，有集中制造的工厂，在那里输入设计图，生产出预期的制造物，再通过流通系统运送。在以前的印刷行业，同样的状况也在进行：把原稿带到打印店，据此做成印刷品，然后再从那里配送出去。但是目前不一样了，用数字信息处理数据制成原稿，然后无论在哪里都可以通过互联网把原稿瞬间发送出去，随意选择印刷的场所。

顺便说一句，互联网普及之后，诞生了有意思的印刷渠道。从日本向海外送出原稿，在那里被印刷之后，再用国际货运送回日本，然后用国内货运渠道传递给用户。事实上，按照国际的邮政协议，对于海外邮件，国内的运送费用将被免除，所以比起仅仅是“国内的邮寄”，“国际货运+国内邮寄”反而成本低。可以说这是意识到国际和国内规则之间的差异，利用可在全球展开活动的互联网的优势而成立的商业模式。另外如果换一个角度看，也可以理解为如果不充分地考虑全球性，就会发生意料之外的事情。

3D打印机引发的社会问题

未来通过使用3D打印机，用户就能够设计和制造各种各样的东西。作为结果，甚至有可能出现由用户制造出可被恶意利用的违法的东西。举一个容易理解的例子，那就是使用3D打印机制造枪械。另一方面，如果用大型的3D打印机，甚至连住宅制造也是可能的。在这里所看到的是一个变化是，制造的能力正在转移到个人手中，或者说现有的制造能力正在急剧提高。

但同时，也就产生了“谁来承担制造责任”的问题。如果使用3D打印机，也可能发生基于个人想法的设计图被他人共享并制造的情况。“鼓励挑战（encourage）”是互联网的特性，但是对于个人设计或制造的东西，应该如何进行法律规定？假如达到一定的质量（包括安全标准），就可以自由地设计和制造，那在意外事故的防范方面又应该建立什么样的机制？至今这些都是悬而未决的问题。

也许解决问题的关键在于互联网的软件。现在不仅是公司，个人将向社会提供制造物的趋势也在扩大。作为先驱有些软件的开发者已经在互联网上积极地开展着业务。尽管个人开发的软件以收费或免费的方式提供给用户，但对于这些由个人提供的软件，基本上没有监管。如果发生了问题，只能按个人的责任，或者用诉讼的方法适当地应对。

当互联网延伸到现实空间的时候，3D打印机是其出口之一。如果它的使用有进展，可能会引起社会问题。对此，通常认为重要的想法是，为了使创新持续要保证终端用户的自由。另外，有必要更好地使用在第4章中所描述的基于融入互联网基因的设计的安全。换句话说，不要过于严格，也不要太放任，沿着尽力而为的方向去发展。

转向以数字为前提的投资模型

展望未来，如果以数字化技术为前提的系统设计继续进步，在业务上信息传输的方法也一定要发生变化。如同在本章开始时提到的，因为省电、节能通常容易被认为会使公司的生产效率下降，有难以激励银行投资的情况。但是，如果银行（资金来源）和企业（借款人）之间的信息传递方式发生变化，就有可能会让银行对节电和节能进行积极地投资。银行和企业之间新关系的建立，如果简单地表示，可以有如下的流程：

（1）银行向企业的节电、节能进行投资。

（2）通过和企业签约，银行可以看到从企业有关部门提交上来的数据。

（3）银行分析企业有关部门的数据，得到有助于效率化的信息（如企业的浪费究竟在哪等）。再把这些信息反馈到企业。

（4）企业实施提高效率的措施。银行可以实时地了解活动情况，获得未被企业过滤的真实信息。

关于企业的会计系统，如果银行对其进行数字化（以及云计算化），可以访问有关的数据则是理想的状况。实际上，用这种方式在企业和银行之间形成双赢关系的事例已经出现。尤其是创业型企业，尽管需要向提供资金来源的银行和风险投资公司汇报接受融资后企业的财务和办公状况等，但现在已经没有特意去做这些说明材料的必要了。不仅如此，因为银行和风险投资公司能够实时地把握企业的经营活动，所以还可以进行适当的经营支援。

这种银行、风险投资公司和企业间的新型系统，不仅要求从模拟技术迁移到数字化技术，而且从一开始就有以数字化技术为前提的设计。正如第2章所述，把信息以原生数字的方式交付，能够在传输方法上促进本质性的变革，产生新的业务方式。

很快就能获得“哆啦A梦”的工具

在当今的物联网（IoT）时代，所有事物的感知和控制都可以通过网络空间进行。例如，在智能建筑中，以计算机为首的“大脑”，借助于互联网这个“神经系统”，通过连接如空调和照明以及传感器等的“感觉器官”，使对真实空间的高效管理成为可能。这个状态因为连接了物（计算机）和物（传感器等），也被称为M2M（Machine-to-Machine）环境。

但是，这个阶段不是终点，如果进一步地让物和人直接通信，生成相互作用的环境，在实际空间会发生什么？漫画和科幻电影中的场景或许会以一定形式出现。

1）五种感官的延伸

如果将配备在互联网中的传感器和执行器，直接连接到人的感官，那么人的感觉就会超出身体的界限。这在视觉和听觉方面已经处于实践状态，而在触觉方面，正在研发的皮肤感觉技术能够从远程的传感器和执行器直接得到皮肤感觉的反馈，在医疗上也开始被应用到远程手术中。

此外，再现嗅觉和味觉的技术也取得了进展，人的所有的五种感觉正在延伸到广阔的实际空间中。

如果极端地说，这是使机器人的眼睛成为自己眼睛的《攻壳机动队》的世界。和人的真实感觉所不同的是，这种虚拟感觉能够被连接到互联网供所有的人共享。当然用户的认证功能是必需的。

2）竹蜻蜓

实际上让人飞起来是不可能的，但是通过让具有延伸人的感觉的感知器和执行器飞起来，就能够实现和哆啦A梦的“竹蜻蜓”相同的功能。例如，从飞行训练用的系统中，把通过小型化和高精度化的加速度传感器获得的信息，应用在别的系统上仿真执行，就能够得到如同自己在飞行的体验。如果把该系统稍加改变，如同“隐形人”“任意门”，还有科幻电影《微观敢死队》那样，以微型化的方式进入人体内部的体验也将变得可能。

3）时间机器

虽然我们不能去到未来，但也许能够回到从前。换句话说，如果用充分的周期采样和高精密度把现在的实际空间数字化，那么在互联网上可以在任何时间再现那个实际空间。如同在第2章所述的那样，那个空间还可以按照现实没有的视点自由重现。尽管现在还不能实现现实空间数字化，但是我们认为未来如果技术能力提高那将成为可能。

与此相近，有保存完全不进行任何数据压缩和去除噪声的原始数据的研究机构，那就是日本国立天文台。此外，在美国夏威夷的莫纳克亚山和智利的安第斯山脉上，各有一台巨大的望远镜，它们在持续地拍摄能够看到的遥远的宇宙的影像。而且在视频中，记录了很多噪声，其中也许隐藏着为了再现实际空间所必需的信号。换句话说，因为我们经常看的影像都是被去除了杂质，经过各种各样的信号处理之后，如果发明了至今为止没有尝试的算法进行信号处理，或发现了物理学的新定律，我们有可能会看到和现在完全不同的信息。

从这个角度来讲，要尽可能地保存原始数据。如果未来的研究人员能够依据这些数据进行新的分析，或许能追溯宇宙过去的那一天将会到来。

5 融入互联网基因的设计的四个观点

不要考虑“先有武器才能行动”

最后，我想总结一下把互联网的基本设计理念应用于各种各样的社会和产业基础设施时，应该具备的四个观点。它们是前提、战略、战术、武器。为了实现目标，真正看透这四点非常重要。

所谓“前提”是要认清“现在处在什么样的情况下”；所谓“战略”是设定“要做什么”的目标；所谓“战术”就是“怎样做才能完成”的路径；最后的“武器”是“使用什么才能实现”的工具。

我们倾向于根据武器来制定战略和战术。然而，为了达到目标，战略不能改变，战术和武器则可根据情况而变化。例如，第2章的图2-12所表示的四个模型（垂直整合型、监管保护型、公共池型、无秩序型），就是根据需要迁移这些类型进行基础设施的构筑。最终的目标是实现全球性的、具有开放性的、持续创新的基础设施。

前提、战略、战术、武器

认识到把前提、战略、战术、武器分开考虑的重要性是在2007年聆听了政治学专家杰拉尔德·柯蒂斯[1]的讲演后。得到柯蒂斯先生的

① 杰拉尔德·柯蒂斯：Gerald L. Curtis.（1940—），美国的政治学者。担任过哥伦比亚大学教授，现在是政策研究大学院客座教授。参照2007年的“富士大会”（每年一次，由日本IBM主办，召集在产官学活跃的人才召开的会议）讲演。

启示，将融入互联网基因的设计的想法归纳如下：

【前提】

❑ 全球性

❑ 唯一的网络（不是联邦型，不分段化）

❑ 尊重可用的东西（粗架构）

【战略】

❑ 不限制使用者和使用方法（“发明是需要之母”）

❑ One for All，All for One（双方向性、社交性）

❑ 选择的提供（开放性、模块化）

【战术】

❑ 不最优化（不严格化）

❑ 透明性（端到端）

❑ 公正（不公平但公正的竞争环境）

【武器】

❑ 抽象化

❑ 开放化

❑ 尽力而为，不是保证型

❑ 互动性

❑ 缓冲

首先，作为前提，要指出互联网是“全球性”的，是每个人都可以使用的共有的“唯一的网络”，基于粗架构，实际上是“尊重可用的东西”。

其次在战略中，为了诱导“发明是需要之母”，要“不限制使用者和使用方法”，同时为了实现“One for All，All for One”，系统要具有双向性和社交性，还要通过开放性和模块化促进“选择的提供”。

对于把战略具体化的战术，以下的措施非常重要。第一，故意地“不最优化系统”或者不严格化，会让系统具有应对环境变化的能力；第二，尽可能地通过单纯的功能保持“透明性”，诱导用户自主提高设备的性能；第三，提供不是公平但“公正”的环境，有助于实现合理的竞争环境。

最后，作为实现这个战略和战术的武器，要做到以下几点。以数字技术为代表的“抽象化”以及技术的“开放化”，对服务质量不进行保证而是“尽力而为”，为了连接所有数字设备的“互动性”，为了缓和系统对同步条件要求的自主工作的缓存。

今天的互联网（The Internet）是基于这样的要素建立的，恐怕今后也不会发生太大的变化。如迄今所描述的那样，所谓“融入互联网基因的设计”，就是建议让互联网以外的产业领域去使用互联网的架构。如果把融入互联网基因的设计理念纳入到自己的思维中，就一定能够实现可持续创新的基础设施。它是用最少能源发挥最高效率的系统，进而实现了对自然环境的保护。也可以说，正是这个融入互联网基因的设计，将贡献于21世纪的地球。

结束语

目前，以我为代表的WIDE项目，在庆应义塾大学的村井俊教授的领导下，一直在带动日本互联网的研究、开发和建设。在这个产官学合作项目中，一直以“左手研究、右手运用”为信条。换句话说，通过研究和运用的兼顾，继续挑战新的发现和发明。而对于研究人员的发现和发明，相信不是学会和政府的评价，而是社会的评价才有意义，基于这个信念，我们总是在进行活动的同时和社会对话。另外，作为一个方针，我们提倡的是最大限度地尊重“可用的东西”，从而有意识地不对系统最优化，只在使用的过程中加以修正，以应对环境的变化。在这本书中，进行了围绕这样的设计原理的考察。WIDE项目以期与世界各地的研究人员分享这一理念，进而实现互联网环境的高性能化。这正是融入互联网基因的设计的具体实现。

在这本书中，我们选择了一些融入互联网基因的设计的要素，实际上它们和我们的日常生活息息相关。例如，端到端的想法是为了实现网络服务的质量和功能，说起来是以在终端的每个用户的责任下进行的。而另一方面，曾经的东京大学第28代校长小宫山宏老师，将如下3点作为学生必要的资质。它们是“抓住本质的知识”“感受他人的力量”“牵头行走的勇气”。他让每一个学生，有贡献于社会的自觉性和使命感。虽然这是一个完全不同的案例，但让我联想到熟悉的端到端的思维。

作为融入互联网基因的设计的要素，自主、分布、协调也是很重要的。所有的参与者具有自主性，以分布的方式连接的同时，也以相互影响的方式协调。由此，促进了整个网络的发展。而这个观点，我在高中和大学就经历过了，与橄榄球比赛的“One for All，All for One”是非常相近的。在长年从事过来的互联网技术的研究开发中，我对此有着强烈的共鸣，也决心为之全力以赴。

顺便说一句，对于今后的融入互联网基因的设计，我想先提出一个课题。例如，如果建立刚才描述的自主、分布和协调的网络，那么在多方利益相关的状态下形成的生态系统将会出现。其中，国家（政府）有时作为利益相关的一方参加。互联网虽然常常被说成是由“民间主导”的系统，但是并不能认为一定都是由民间企业和个人来承担所有责任。此外，随着虚拟空间扩展到与实际空间连接，国家（政府）的比重将迅速增加。

未来，为了形成全球规模的社会和经济活动，在多方利益相关者的生态系统中，我们认为国家（政府）作为重要的一方参与决策的体制必须维持。那时，由国家（政府）主导的20世纪型的治理体制，如何在没有国境的网络中形成稳定的关系，将是我们所探求的目标。

最后，非常感谢启发本书写作的东京大学执行管理计划的负责人的山田浩一先生，以及以横山祯德先生为首的有关人员，还有对本书的规划和修改提供了很多帮助的东京大学出版社的木暮晃先生，以及作家田中顺子女士。这本书是我从加入东芝公司，在美国新泽西州的贝尔实验室担任客座研究员和互联网接触以来，将在很多人身上和在工作中学到的东西进行整理而成的，对接触过的各位表示感谢。同时，也感谢让这些活动能够持续的总是支持我的家人，特别是妻子（富子），对她表示衷心的感谢。